人類はこの危機をいかに克服するか

地球環境・資源、人類社会への提言

安藤顕・鈴木啓允・瀬名敏夫 共著

三和書籍

はしがき

私たちは、2009年に前著『環境問題アクションプラン42』を世に送り出し、環境問題の広さと深さについて警鐘を鳴らしました。しかし、約5年経った現在、世の中の状態は悪化こそすれ、改善はほとんど見られていません。CO_2削減のための国のプランは進まず、人々のガソリン消費に対する気づかいも、影をひそめてしまっています。前著の中で、環境問題と資源の問題、対策としての3R、そして自然・生態系の問題が相互に絡み合い関連していることを指摘しましたが、今日、そのすべてについての――つまりサステイナビリティー（Sustainability：持続性）の危機としての――課題と問題性が一層強まっています。

1972年に国連がはじめて「人間環境宣言」を採択、同年ローマクラブにより成長の限界が警告され、そしてリオ＋20の2012年にSDGsが採択されました。著者の理解では、ようやく地球規模での環境・資源・開発の課題の認識が、世界でグローバルに少しだけ進み始めたと考えています。

しかし、それらの実際の問題の度合い・厳しさについての正しい認識は進んでおらず、まして対応の在り方や、改革の処方箋の策定、その実現は一向に進んでおりません。状況はほとんど改善しておらず、また、後世に対する「負」の遺産が減少する気配は少しもありません。地球環境・地球資源の持続性の危機、そして、それゆえの地球社会の持続性の危機、したがってそれは、人類存続の危機に繋がっています。その問題をこの本では、はじめにとり上げています（第I編　第1章）。

さて、世の中の生活文化の現状はどうなっているでしょうか。

いわばアメリカ的生活の大量消費・使い捨て文化の浸透、モータリゼーションの進展で、知らず知らずのうちに生活文化は奢侈的な物質文明にどっぷり浸かる破目に至っています。日本では、技術（特に生産）の進歩による輸出の増加、景気の上昇と持続のおかげで、所得も増え、生活に満足感が満ちていた時（現在も）、実は地球環境・資源を著しく損なうことになっていた（いる）のです。西・北欧諸国では70年代のはじめより持続可能な社会を求めるようになっていますが、日本では遅れて、近年ようやく後追いを始め、サステイナビリティーの研究、啓蒙が始まったばかりなのです。

そして政治も国民も、地球持続性の危機をまったく意に介さずに、経済性（ＧＤＰ）のみを追求するばかりで、目先の一時の満足と快楽を求める多くの人々と、それに擦り寄る政治（目線を国民に合わせるとの見せかけのポピュリズム）に明け暮れていますが、それでよいのでしょうか。しかも近代の歴史において、先進国は資源の収奪、植民地化、そして自国の事業展開用の市場としての利用を通して、最貧国の犠牲の上に発展してきたので、これらの国々、人々の生活水準向上のための支援を積極的にすべき義務があるはずであり、それらの考慮がないまま、「物・金」と快楽を求める人々の活動に歯止めが利かなくなり、今や地球の再生能力を超えるに至っています。

それに対して、人々の近年の生活文化として、進んだ国ではLOHAS（Life Style of Health and Sustainability：健康的で持続的な生活様式）が文化・社会に入り始めていますが、それにより人々は、健康になり、地球社会はサステイナブルになるとのコンセプトなのです。

例えば、商買主義とともにもてはやされているグルメな食事を満喫した後、消化薬を飲むのは、ちょうどマッチ・ポンプであると自虐的に空しさを感じている人々を時々見かけますが、そういう生活ではなく、もっと質のよい生活をすればよいのではないでしょうか。つまり、H・Q・L・(High Quality of Life：質のよい生活）を心がけることが、結果的に健康で、実のある社会・文化に通じるのです。時代を先取りする人々の間では、既に、「H・Q・L・の生活をしよう」が合言葉になっているといわれています。この本で述べているように、これを自分の生活にとり入れてはいかがでしょうか。

この本では、目を背けてはいけない事実も紹介しています。世界における社会・文化の厳しさの一端を見てみましょう。先進国の怒濤の経済進出と富（お金）の追求で悪しき影響を受けた途上国では、安全な水を飲めない人が、サハラ以南アフリカ（その人口の42％）、南アジア、東アジア、東南アジア、西アジア、北アフリカ、中南米などにもいて、世界全体では8億8400万人（ユニセフ発表値）が、安全な水を飲めない、あるいは汚染の可能性のある水を飲んでおり、それが原因での疾病が増加しています。そして地域によっての食糧の危機的不足――飢餓状態――が続いています。飢餓人口は約9億人超（うち3億5000万人が子ども）が、アジア・太平洋地域をはじめ、サハラ以南のアフリカ、北アフリカなどに見られます。

これらは、真のグローバリズム、すなわち世界的な枠組みにおいて改善・支援されなければならない問題ですが、しかし支援の具体化はけっして十分とはいえず、このような危機的状況は一向に改善していません。これは地球環境・社会の問題として、この本で実態を紹介し、読者のご理解を得たいと思っています（第Ⅰ編　第2章・第3章・第4章・第5章）。

先日、大食い競争なるものをテレビでたまたま目にしましたが、司会者はたいへんワイルドに大声を立てて競争を進行し、会場の見物者はそれに合わせて大騒ぎをしています。視聴率稼ぎもここまで来たかと、空しさを感じるのは筆者のみではないでしょう。食べものは、本来それ自体、大切にしなくてはならないのではないでしょうか。世界には飢餓状態の人がたくさんいる現状（約9億人）で、食べものを競争ショーの題材にしてはならないのでは？

日本には本来食べものを大切にするという文化がありました。お年寄りの話によれば、お米を作るのにお百姓の88回の手がかかっていて、また、米には神が宿るといいます。だから食べ残しをしないようにする（ダイエットのためならはじめから少量だけ頂戴する）べきなのです。ノーベル賞受賞者の故マータイ女史は、「生物・食物にはMottainai対象としての尊敬（Respect）をする」と、たいへん含蓄のある言葉を残してくださっています。

国益論の問題も、「地球の持続性」の方向に、吟味・再考することが必要です。政治は基本的には自分の国の国益に最大の関心を払います。各国のリーダーは、自国の当面の選挙票をできるだけ獲得するために目先の国益のみを考え、国の将来をも踏まえた真の在り方を考えないのが通例です。他国との間で国益の衝突が起きることも避けられません。しかも国益の主張はあくまでもその国の利害関係に関することであって、世界全体の人類の存続とは直接の関係がないのです。人類が存続できる「地球環境・地球社会」を維持していくために、国益を離れ各国で協力して、「人類益」の方向で対応しなければならないのであるにもかかわらず（第Ⅱ編）。

世界的なサステイナビリティーの推進のためには、人々の正しく積極的な理解と認識の上で、各国の政策をそれに合わせる必要があります。そして、その実務・推進のためのグローバルなパワーの源は、問題含みとはいえ当面は国連でしょうが、その働きはけっして十分ではなく、改革が必要です。

それは、戦後の国際秩序を、連合国側のアメリカ、イギリス、ソ連、フランス、中国の5大国が中心となって国連を運動の基本に据え、二度と世界大戦のような悲劇は起こさないという考えで、5か国の常任理事国には拒否権が与えられたのです。これが国連安保理が強い権限を持ちすぎて、なかなか簡単に動きがとれなかった大きな理由です。5大国の拒否権の問題は、国連のアキレス腱のように（負の方向に）機能しています。

地球環境・地球資源の改善の問題においても、大国が自国の国益を優先させて、国によっては拒否権を行使して、問題検討と対策立案に対して批判的・掣肘的に対処し、その結果、グローバルな改善・対応がほとんど進んでいません。国連に真のグローバルな対応を期待する時、その抜本的・構造的改革は必須ですが、国連改革案の一つに、重要な問題に対しては特命の理事会を作る必要があり、そして環境問題の重要性に鑑み、それに関する特命の理事

つきます。会構想が提案されているのですが、しかし、これまでのところ、その進捗具合には疑問符が

そしてこの本では、国連改革の先には、長期を見据えての世界連邦の構図を提案していま
す（第Ⅱ編）。

そして終章で、ＧＧＨ（Gross Global Happiness）を提案しています。今や国際機関など
を含めて、ＧＤＰに代えて、幸福、社会の進歩などを判断する価値基準（部分的な併用が多
い）の研究・検討が始まっていますが、それらを凌駕して、この本はまったく新鮮で独創性
に富んだ、地球社会の進歩、その持続性を保持せんとする指標を提案しており、それによる
評価結果も、読者のみなさんのために事例的に紹介しております。

なお、細やかながら、この本の執筆者の収益金は、放射能汚染を受けている福島県での植
林活動に寄贈されます。

安藤　顕

（地球サステイナビリティを考える会　主宰）

人類はこの危機をいかに克服するか　目次

地球環境・資源、人類社会への提言

瀬名敏夫

第Ⅰ編　地球環境・資源のサステイナビリティーの危機　安藤顕　39

第5章　地球サスティナビリティーを損なう資源問題②
——エネルギーの枯渇、金属資源の不足——

序章

このままでは人類は地球に住めなくなる

——人類存亡の危機——

瀬名　敏夫

序　章

このままでは人類は地球に住めなくなる

——人類存亡の危機——

第1節　人類は地球号の乗客

私たちが住んでいる地球は、いわば太陽の周りを1年の周期で定期的に巡航している宇宙船である。

この「宇宙船地球号」が誕生したのは、おおよそ46億年前とされている。太陽から飛び出した太陽系の惑星の一つとして地球号が太陽の周りを巡っているうちに、しだいに地球号の船内温度が下がり地球上に生命が誕生したのが40億年前。単純で原始的な生命が海の中で発生したと考えられている。いわば地球号の最初の乗客である。その原始的生命がしだいに変化し複雑な種へと発展・進化したと見られているが、それ以来、地球号の中でいろいろな生命体が栄枯盛衰を繰り返してきた。環境の変化に適応できた種のみが存続してきたのである。

原人と呼ばれる人類の祖先は、およそ180万年前に登場したといわれている。人類は、二本足歩行による頭脳の発達と手による道具の使用で、氷河期などの自然環境の変化を乗り越え、その数を増やしてきた。

地球号の乗客は190万種とも3000万種ともいわれる多種の生物であるが、現在はその中で人類が一番、幅を利かせており、地球号の中の実権を握っているように見える。

しかし、人類はあくまでも乗客であり、地球号の航路や基本システムを決定したり構築したり運営しているわけではない。能力をフル活用して他の乗客を抑え、地球号の中でのリーダーシップを発揮して、思うがままに行動しているにすぎない。人類は地球号の中の他の生物との戦いには勝って、そのほとんどを絶滅させたり従えたりしてしまったが、細菌・ウイルスなどの病原菌との戦いは今日も続いている。

人類は他の生物の生存・持続に大きな影響を与えており、人類の活動に起因する種々の事柄が、人類および他の生物を取り巻く地球号の自然環境を悪化させている面も少なくない。

地球号の中で人類が今のような状態を持続していけるかといえば、それは簡単ではない。

人類は大きな問題をいくつも抱えており、このままでは地球号に住み続けることはできなくなるかもしれないのである。我々人類にとって大切なことは、さまざまな難題を解決して地球号の中で人類が存続していくことである。人類は大多数の他の生物と共存共栄の関係で存続してきているので、人類が存続できるための環境を維持することは他の生物が存続できるための環境を維持することにも繋がる。

次世代以降の人類の存続のために、ひいては他の生物の存続のために何をしていかなければならないか、私たちの世代がよく考え、そして実行していかなければならないのである。

第2節　地球号で人類の抱える大きな問題

(1)人口の急速な増加

２０１１年10月に世界の人口は70億人を超えた。西暦1年の人口は3億人であったと推定されている。それが10億人になるのに１８００年かかったが、その後の２００年で60億人が増えたのである。

この爆発的増加は、科学技術の進歩による自然災害への対処、工業技術・農業技術の進歩による衣食住の入手拡大、医療の進歩による疾病の克服などによって、死亡率の目覚ましい減少がもたらされたからである。現在、先進国の人口は頭打ちになっているか減少気味であるが、発展途上国の人口は増大を続けており、２０５０年には世界の人口が96億人に達すると予測されている（国連世界人口推計２０１２）。

地球号に乗っている生物のうちで人類だけが異常と思われるほどのスピードで増殖を続けている。人類のさらなる急激な増加は、人類自身の生活環境にさらに大きな影響を与えるとともに、他の種の存続や自然環境に一層深刻な影響を与えることになる。人口の爆発的増加は、人類にとって食料や水の不足、住宅不足などの生活上の不足をもたらすばかりでなく、環境破壊と資源枯渇という重大な問題を引き起こすことは明らかである。

そればかりか、欠乏する資源を巡って地域間・国家間・民族間などで深刻な争いが起こる危険性がある。それが核戦争のような取り返しのつかない事態に進展した時には、地球号はもはや人類が安住できるところではなくなってしまう。場合によっては、人類の滅亡に繋がるおそれもある。その時には地球号の船内も生物が生存できない死の世界となっているかもしれないし、新しい環境の下で何かの種が増殖して地球号の中でのリーダーシップを握っていくのかもしれない。

(2)地球号内の資源供給は大丈夫か

人類がその存続のために使えるのは、地球号の船内にある資源とそれを利用して生み出す生産物である。生存の基本的な条件は水と食料であるが、人類は太陽の光、水の循環、大地の恵みを生かして農業・漁業・牧畜などによって存続してきた。人類が必要とする資源は、水資源、食糧資源の他にも鉱物資源、森林資源、エネルギー資源などがあるが、人類は地球号にある資源で利用できるものは何でも利用すべくいろいろの科学技術を開発し活用してきた。新技術の開発によって、それまで利用できなかった資源の活用が可能となったケースは枚挙にいとまがない。

これからもその努力は真剣に続けられるであろうが、枯渇するおそれのある資源、特に化石燃料やレアメタルについては、代替資源の開発を進めることが急務である。また、可採埋蔵量がまだ年間消費量を大きく上回っているから安心かというとけっしてそうではない。新規鉱床の発見量が消費量より多くないと可採埋蔵量は減るばかりで、減り出したら可採年数のはるか手前で生産が需要に追いつかなくなる。しかも採掘場所は相対的に条件の悪いところになり、資源の品質は低下しコストも割高になるため、たちまち需要を満たせなくなる。

人口の増加によって直接的にひっ迫する資源は、まず水資源と食糧資源である。現時点でも、飢餓状態にある人類は9億人を超えるといわれている。前述の通り、70億の人口が２０５０年に96億に達すると予測されているということは、あと36年のうちに５割以上の食糧増産を実現しないと飢餓人口がさらに増大するということである。

水資源については、中東の砂漠地帯のように現時点で既に深刻な不足状態にある地域が多数存在しており、国際河川を巡る水争いの紛争も世界各地で発生している。水は農業生産の基本であり、水なしでは人類だけでなく植物も動物も存続していけない。地上に降った雨は野や田畑を潤して川に合流して海に流れ込み、海面から蒸発して雲となってまた地上に降り注いでくる。この地球号の水循環システムのおかげで、人類も他の生物も今日まで生き延びてきた。地球上の水の97・５％は海水なので、人類が農業生産や食料として利用できるのは残り2・5％の淡水であるが、淡水は氷河や永久凍土の形でも存在しているので、実質的に利用できるのは地球上の水の0・8％にすぎない。総体としての水の量は不変であるので、それを現在より5割増しの人口で利用するのであれば、水を巡る争奪戦はますます激しくなるといわざるを得ない。

水と食料に限らずすべての資源について、既に手元にある資源を最大限有効に活用することが何よりも大切である。よくいわれている3Ｒ（REDUCE：節減、REUSE：再利用、RECYCLE：再循環・再資源化）をとことん実行することにより、資源の消費を抑え現存する資源を長期間使えるようにすることが、地球上の資源をなるべく長持ちさせる最も重要な方策である。さらに資源そのものの消費だけでなく、消費機会の削減を図って機械やシステムの設計を行うことも重要である。

(3)地球号の環境システムはもつだろうか

天候や気候変動、気流や海流も、地球号の本来の環境システムによるものであり、それに適応できた生物が存続してきた。1990年代から地球温暖化が問題にされているが、地球温暖化はその一環の空調システムの問題である。温暖化だけでなく異常気候・地震・豪雨・干ばつ・砂漠化などのいわゆる天災は地球号の環境システムと密接に結びついているが、大気汚染・水質汚染・放射能汚染などは人類による人災である。

天災・人災が相乗的に作用して人類や他の生物の生活環境に大きな影響を与えている。しかし、人災の規模や程度によっては、地球号の環境システムがうまく作動しなくなり、人類や他の生物にとって極めて住みにくい環境になってしまうおそれがある。最悪のシナリオは、核戦争などのように地球環境を壊滅的に破壊する場合である。

(4)地球号の廃棄物処理システムは機能するだろうか

不要となったものは、放置しておくか、地面に埋めるか、川や海に流すかして、地球号の原始的な廃棄物処理システムに任せることで、人類もすべての生物も発生からの長い期間を過ごしてきた。しかし、人類が作り出した放射性廃棄物は、それまでの廃棄物とはまったく異なり、人類の叡智を結集しても処理方法が見つかっていない。無害となる半減期までの10万年ともいわれる長い期間を待つ以外ないとされているが、放射性廃棄物の処理は不可能かもしれない。

１９８６年のチェルノブイリ原発事故は、放射性廃棄物の危険性を全世界に知らしめた。２０１１年3月11日の東日本大震災によるフクシマ原発事故は、チェルノブイリから25年経ってもこの廃棄物処理問題はほとんど進展していないことを、改めて認識させた。

原発から毎日生み出される使用済み核燃料や放射性廃棄物は、いつの日か環境に無害な形で処理できるようになるまで、どこかで保管し続けるしかない状況である。その保管場所をどこにするかは難しい問題である。フクシマ原発事故の周辺地域における除染廃棄物の保管場所についても、積極的に受け入れてくれる自治体が見つけがたい状態である。まして、高濃度放射性廃棄物となれば、新たな保管場所を確保することは極めて困難であると考えられる。日本では北欧のように地中深く10万年前の地層に埋めることはできないため、高濃度放射性廃棄物は数十年から数百年の暫定保管とすること、並びに、総量管理体制をとることを日本学術会議が2012年9月に原子力委員会に答申している。どのような保管形態をとるにせよ、処理方法が未解決な廃棄物がどんどん累積していくのであるから、その保管場所を確保せざるを得ない。処理方法の開発を急ぐとともに、保管場所についての国民的な議論を重ね、早急に保管場所を確保していかなければならない。

この問題は日本に限ったことではなく、原子力を利用する地域すべてに共通する問題である。新規に原子力発電所を導入する国も、この問題の解決が前提であることはいうまでもない。地球号の生物全体に大きな影響を与える問題であり、人類として全力を挙げて取り組んでいかなければならない最重要課題である。

重金属などによる土壌汚染、工場排水などによる環境ホルモンなどの水質汚染、自動車や工場の排気による大気汚染などの廃棄物処理は、地球号内の自然環境の保持の上で極めて重要である。

(5)乗客間の利害相反と不協和音

地球号の乗客間といっても、人類と人類以外の生物の間の利害関係の対立はついては、人類がある程度はコントロールできると考えられる。難しいのは人類同士での利害の対立をどう処理していくかである。

「国益」という言葉が国際的な交渉や話し合いの中での基本的な判断基準になっているように思われる。

地球号の乗客である人類一人ひとりは、国とか民族とか地域連合などによってグループ分けされている。自分の属するグループの利害は直接的・間接的に自分に跳ね返るので、誰もがそれに関心を持つが、基本的には自分が国籍を持つ国の国益に一番関心を払う。各国のリーダーは自国の伸長拡大と自国民の支持をできるだけ獲得するために、国益の主張に全力を挙げるのが通例である。他国との間で国益の衝突が起きることは避けられない。

問題は国益の対立だけではない。思想・宗教・文化の衝突、貧富の格差、先進国と発展途上国の覇権争い等々、いろいろな形の、いろいろな視点からの対立がある。人類全体を一つにまとめて意思決定を行い、それを実行していくことは極めて難しい。宇宙船地球号の中でこれまで相対的に恵まれた生活をしていた船客に対して、数も増え力もつけてきた相対的に恵まれていなかった他の船客が、同じ待遇を要求する段階になってきているのである。

地球号の資源は有限であるから全員に同等の扱いをすることはできないし、恵まれたポジションにいた船客に既得権意識があることも否定できない。全員を満足させるような解決はなかなか見いだしにくく、安易に妥協が成立することは到底期待できない。

格差だけでなく国益・宗教・イデオロギーなどの衝突は、時には深刻な国際的対立を生み出し、武力衝突さらには戦争に発展するおそれがある。戦争が起これば地球号の環境はどんどん悪化し、場合によっては、地球号での人類の存続を危うくするような事態にまで発展するおそれがある。

第3節　問題解決のために人類は協力し合えるだろうか

国益の主張は、あくまでもその国の利害関係に関することであって、人類の存続とは直接の関係がない。地球号で人類が存続できる環境を維持していくために、国益を離れ人類益のために力を合わせていかなければならないのである。

多国間の協調や利害の調整というと、誰もが国連を思い浮かべる。確かに国連は193か国が加盟（2014年1月時点）する最大の国際機関であり、安全保障・経済・社会などについての国際協力を目的とする組織である。傘下に司法裁判所もあり国際的な紛争についての判断を下すこともできるし、世界各地に事務所もある。人類の存続のために障害となる種々の問題の解決に取り組むには最適の機関のはずである。しかし、残念なことに国連は第二次大戦の戦勝国である5大国の国益が前面に出てくるため、その機能を十分に発揮できていない。人類益を中心に問題に取り組んでいくためには、国連の抜本的な改革が必要である。人類益を真に追求するための究極の形は世界連邦である。ＥＵ（ヨーロッパ連合）の全世界版といえば、おおよそのコンセプトを理解いただけると思うが、理想としては世界のすべての国が参加する巨大な連邦政府である。

国連の改革や世界連邦の設立にはいろいろの難しい問題があるので、実現できるとしてもかなりの時間を要すると思われる。しかし、地域的な問題については、関係国や関係者の粘り強い話し合いがあれば解決に向けて少しずつ進んでいくことができるはずである。特に全人類にとって共通の利害が認められる問題については、各国の利害の調整は比較的やりやすいと思われる。そのような切り口から人類のための共同作業を進めていくのが最も現実的であると考える。

ている。

第4節　人類存続のカギはグローバルコモンズの共同管理にある

人類共有の資産をグローバルコモンズ（Global Commons）と呼ぶのが一般的になってきている。

コモンズという言葉は英国の誰にも属さない放牧地・共同利用地に由来しているが、日本でも古くから里山・漁場など「入会《いりあい》」と呼ばれる共同利用地が村落にあった。いずれもいわばローカルコモンズである。グローバルコモンズは大陸にまたがるような、あるいは人類全体の利害関係に多大な影響を与えるような共通問題・共有資産を指している。自然界であれば太陽・海洋・大地・河川・大気・宇宙などが含まれる。

これらのグローバルコモンズは、人類や他の生物に限りなく大きな恩恵を与えてくれるもので人類の存続のベースである。人工的なものでは国連などの国際機関、サイバー空間や国際会計基準などの国際標準といった人類社会運営上の機関や情報やシステムもグローバルコモンズに含まれるとされている。

グローバルコモンズの共同利用ルールの統一や共同管理方法の確立などについては、国益を振り回していては進展がない。人類全体にとってどのようなやり方がよいかを、多様な立場・階層の代表者たちが、国際的によく話し合い研究していくことが必要である。海洋汚染・大気汚染などは広範囲にわたって人類や他の生物の健康や経済や生態系に深刻な影響を与えるので、長期的な監視体制も必要である。自然界のグローバルコモンズについては常に持続可能(サステイナブル)な状態に置くことが求められる。それによって人類も存続可能になっていくのである。

人工的なグローバルコモンズは時代とともに変化していくものであるが、それが人類社会のシステムとして組み込まれていくと、突然の大きな変更は社会の混乱を招くことになる。科学技術の進歩を踏まえながら最適な方法を常に追求していかなければならない。

グローバルコモンズの在り方について地球号内でたくさんの意見が交わされながら合意が形成されていく過程は、人類が存続のために一つにまとまっていく過程でもある。

第5節　人類の幸福とはなんだろう

幸福は主観的なものであって、個人個人の置かれた立場と価値観によって幸福のイメージは千差万別であるといわれる。

しかし、多くの場合、幸福感は相対的なもので、自分が幸せだと思っても周りの人からそれを否定されると幸福感は大きく減退してしまうものである。自分がどのくらい幸福であるかを知るために幸福度を測る客観的な指標や数値を求める傾向も見られる。リーダーたちは自分の下にいる人たちが幸福であることを示すために、その根拠となる指標や数値を示そうとする。それによって彼が優れたリーダーであることを認めさせたいという願望が見え隠れすることも多い。

かなり前から、一国の評価をする場合にGDP（Gross Domestic Product：国内総生産）が、その評価基準の主要項目の一つとされてきた。日本の1人当たりのGDPが高いことは、国民の生産性が高く、それだけ豊かであることを示すもので、GDPが低い国の国民に比べて日本国民は幸せなのだという印象を、我々は常に与えられてきた。国として経済力が高いことはいいことであるが、GDPの高さが国民の幸福度のバロメーターというわけではない。

ブータンの王様（先代）が提唱したＧＮＨ（Gross National Happiness：国民総幸福度）という考え方が、世界で注目を浴びた。ブータン国民の97％が幸福だと答えていることが驚きをもって世界で報道された。経済的に恵まれていることが幸福の主要な要件の一つであるとする資本主義的価値基準に違和感を覚える人も少なからず存在するから、あれだけ話題にされたのである。

「幸福とは何か」は大昔から現在に至るまで誰もが必ず考えるテーマである。人は幸福を求めて生きる。何が幸福であるかを示す幸福度の指標はいろいろな人や機関が発表している。ＯＥＣＤは11項目の幸福度の指標を設定して、それを点数化して算出したＯＥＣＤ諸国の幸福度ランキングを発表している。２０１３年のランキングでは、ＯＥＣＤ34か国中のトップはオーストラリアとスウェーデン。日本は21位となっている。

しかし、幸福は主観的なものである。ブータン国民の幸福はブータン社会の価値観によるものであり、その価値観を持たない外国人がブータンに行っても幸福を感じることはできないだろう。だが、その外国人も、ブータンに長く住んでいれば幸福を感じるようになるかもしれない。

資本主義的な価値観によると、幸福の度合いは財産やその量に比例すると考えられる傾向があるが、日本の伝統的な価値観では、量より質を重視している。日本でも欧米でも、そして新興諸国でも、富の量を求める競争社会であくせくと働く生活が主流になってきているが、心の持ちようで幸福感は大きく変化する。日本人が率先して「量より質」、「足るを知る」という価値観を地球号に浸透させて、人々が心静かに協調して暮らせるように働きかけていく必要があるのではないだろうか。

幸福について独自の価値観を地域や民族が保有している限りは、人類としての真の協調は難しい。幸福ということについての人類の価値観をなるべく平準化していくことが、人類社会の発展と存続のための重要な要素となる。その平準化のための一つの考え方として、GGH（Gross Global Happiness：グローバル総幸福度）という概念を提唱したい。GNHは各国ベースの指数であるが、GGHは地域・民族を問わず人類の地球規模の統一的な幸福度指数であり、高いレベルのGGHの追求が人類社会の存続に大きく寄与するものと考える。

第 I 編

地球環境・資源のサステイナビリティーの危機

安藤　顕
地球サステイナビリティを考える会 主宰

第1章

地球環境保全に対する警鐘

――人類存亡の危機といえる――

第1節　地球環境保全に対する警鐘

どこの会社でも、社員は今、景気の回復は本物か、生産・販売計画を上方修正できるのかについて、疑心暗鬼をもって口角泡を飛ばして話し合っている。家の近所では、奥さん同士が、お情け程度のボーナスはもらったが、上がってもよいはずの賃金の上がりの予定が少なく（中小企業勤めが多い）、消費税引き上げの決定を受けて、いつ頃から賃金が上がるのか、不安な日々の話題に明け暮れている。そしてマスメディアも、景気とその回復の見通しに大わらわな日々である。

人は目先の事柄にとらわれ、その時の満足で事足りてしまうのであるが、しかし生態系に危機が訪れ、気候変動は深刻さを増すとともに、石油・金属資源の不足が身近に迫っていることを真剣に考えなければならないのではないか。

さて、「地球環境持続性」が公式にかつ本格的にとり上げられたのは、今から40年ほど前の１９７２年である。その時ストックホルムで行われた国連人間環境会議で、「人間環境宣言」が採択された。既にその前文で、歴史の転換点に至ったこと——世界中で環境に対する影響をより慎重に考慮して行動しないと、我々の生命と福祉が依存する地球上の環境に対して重大かつ回復不可能な害を与えることになるであろうこと——がうたわれている。

それとほぼ時を同じくして、１９７２年にローマ・クラブ——１９７０年設立の有識者の民間組織——が「成長の限界」という報告を出している。これはマサチューセッツ工科大学のメドウズなどによると、人口増、食糧生産、工業化、使用資源、汚染がこのまま続くと、地球上の成長は限界点に到達し、制御不可能な状況になるであろうと述べている。そしてさらに、同グループは１９９２年、Beyond the Limitsで人類が地球に与える負荷は既に地球の能力の限界を超えていると述べた。そして、その後の2005年にはThe Limits to Growth the Year Updateで、1972年より状況は悪化していて、地球の将来は悲観的であると述べている。

約180か国が参加して1992年にリオデジャネイロで開かれた地球サミットの合意では、地球環境問題は人類共通の課題であり、途上国は貧困、人口増加、(先進国・中進国の)環境破壊を断ち切ることが必要であり、一方、先進国は大量の使い捨て、過度のエネルギー使用を改めること、そして全体としては持続可能な開発が必要であるとした。

温暖化を内包する気候変動の問題――人間が排出する二酸化炭素（CO_2）が一因――、そして生物多様性の減少――絶滅種の増加。人間による乱獲、森林の減少による生息地の狭隘化が一因――などがあり、生態系を壊しつつある。そしてまた、地球が数千万年をかけて静かに育み生成してきた石油などの化石燃料は、20世紀中葉以降の人間による過大使用により、遠からずその枯渇が心配されるに至っているのである。それは自己の目先の金銭欲・物欲のみを考え、人類の後の世代のことを考えない、現代人のたいへんな傲慢さではないか。

これらの活動を担っている人類の、近年における人口増加は目覚ましいが、特に南・北の問題として象徴的にとらえられている。開発途上国・最貧国の激しい人口増と先進国での鈍

表1-1-1　世界の人口推移・予想　（単位：100万人）

	世界	アジア	北アメリカ	ヨーロッパ	アフリカ	先進国（%）	開発途上国（%）	日本
1950年	2,532	1,403	227	547	230	32.0%	68.0%	84.1
2000年	6,123	3,719	487	727	811	19.4%	80.6%	126.9
2010年	6,896	4,164	542	738	1,022	17.9%	82.1%	128.1
2011年	6,974	4,207	548	739	1,046	17.8%	82.2%	127.8
2012年	7,052	4,250	553	740	1,070	17.6%	82.4%	127.5
2015年	7,284	4,375	569	742	1,145	17.2%	82.8%	126.6
2025年	8,003	4,730	619	744	1,417	16.1%	83.9%	120.7
2050年	9,306	5,142	710	719	2,192	14.1%	85.9%	97.1

出所：統計局、人口問題研究所

・アジアは絶対的に人口が多く、かつ増加している、
・アフリカは２番目に人口が多く、かつその増加は際立っている、
・日本は2010年をピークとして低下を始めている。
・先進国の相対的低下は顕著、それに対して開発途上国の増加が顕著。後者の生活文化の上昇とともに、「持続可能性」に一層大きい問題を引き起こしかねない。
・全体として、人口増は大きく、かつ激しい。（注記：2050年の世界人口予想について、国連の最新データでは96億人）

化、そしてその背景に、後者が前者の犠牲の上に発展を進めてきたとされるような近世の歴史がある。したがって、今後は開発途上国・最貧国に対する先進国のあらゆる意味における協力（資金・技術・開発など）が不可欠なのであるが、このような途上国の人口が比率的にも一層増加していることが、今後の所得の増加、生活文化の向上（その結果としての先進国的な消費拡大・廃棄物増大）が、「持続可能性」の課題を一層難しくしていくのである。紙面の都合で多くは記述できないが、人類は「地球環境・資源の危機」において、ちょうど「前門の虎、後門の狼」の難題にさらされているのである。

表1-1-2　GDPの推移（名目）　（単位：10億ドル）

	1997年	2007年	2008年	2009年	2010年	2011年
GDP	29,379	55,997	61,381	58,194	63,581	70,202

・2009年はリーマンショック（08年）を受けた年である、
・この14年間にGDPは2.4倍に増えている（2011年／1997年）。

そして世界の国内総生産（GDP）は表1−1−2のように上昇しており、それに伴うエネルギー・資源の消費、地球環境破壊が進んでおり、今後がたいへん危惧される。

そして人口が上記のように増加しつつある開発途上国の経済成長（これ自体は悪いことではない）に伴う生活文化の向上と、それに伴う物・資源の消費、そして地球環境汚染が、「地球社会の持続性」に対する負荷となることが危惧されるのである。地球に対する負荷の増大により「地球社会のサステイナビリティー」は今や危機的な水準に落ち込んでいる。すなわち、各国が国益論を主張し合って、支援・博愛を出し惜しんでいる現状は、何としても改革されなければならないのだ。それは今なのである。

なお、核使用を含む全面戦争は、人類・地球の破滅であり、「地球・人類」にとって絶対にあってはならない問題であるが、それはあまりにも異質の問題で、それに関わる次元の異なったたいへん専門的な研究（戦略・戦術論、外交・政治論など）が必要であるため、この本の記述より外されている。

現代社会の基盤としての資本主義、適正な自由競争は否定しないが、しかし、規模の拡大を過大に評価するGDP万能・物量文明に「持続性の危機」の原因があることは明白であり、GDPに代わる尺度が求められている。

そして、終章のGGH（Gross Global Happiness）で幸福を基軸にした指標を提案しているが、それはまさに地球共有資産――すなわち、グローバルコモンズを有効に活かし、その枠組みにより、人類にとって高い価値のある社会進歩を推進すべきものなのである。

悪用されたグローバリズムではなく、公正で福祉的な世界を対象にした、真のグローバリズムを尺度としている。すなわち、パラダイムシフトが必要となっているのである。既に国連、OECD、EU（欧州連合）などの国際機関でも、環境、社会・生活を入れた新しい評価基準――『生活の満足』も導入される可能性？――の重要性を認識するに至り、基準化に向けてその開発・基準作りを急いでいるのはその表れである。

それに対して、この本の終章におけるGGHの提案は、単なる生活の物的満足度ではなく、真の幸福感を指標にとり入れ、さらに途上国に対する支援と、地球資源・環境を指標にとり入れているという点で、まったく新しい指標の提案である。

第2節　国連などの国際機関による地球サステイナビリティーについての警鐘

「地球環境持続性」に関して、国連などの国際的な会議にて行われた主要な提言、検討、採択事項を時系列で見ておくことにする。

１９７２年　国連人間環境会議

「ストックホルム宣言」——「人間環境宣言」、「行動計画」を採択。

ＵＮＥＰ（United Nations Environment Program：国連開発計画）の設立の決議。

１９７２年　成長の限界の報告——ローマクラブによる

急速な経済成長や人口増加による、環境破壊、食料不足、石油など資源の有限性・枯渇のおそれの警告。

１９８７年　ブルントラント委員会「われら共有の未来」“Our Common Future”

「持続可能な開発」の概念の提言。

１９８８年　気候変動に関する政府間パネル（ＩＰＣＣ）の設置

1992年　環境と開発に関する国連会議（地球サミット）「環境と開発に関するリオ宣言」
「アジェンダ21」――21世紀に向けての人類の取り組むべき課題についての国際合意（開催地：リオデジャネイロ）。
ローマクラブによる“Beyond the Limits”――人類が与えている負荷は既に地球の能力の限界を超えている。
生物多様性条約採択（1993年）
気候変動枠組条約採択（1994年）
1997年　気候変動枠組条約第3回締約国会議「京都議定書」の採択
2000年　国連ミレニアム・サミット――ミレニアム開発目標の設定
MDGs（Millennium Development Goals）――2015年までに達成すべきゴール。
これと並行して、利用すべき指標としてCSD（Committee for Sustainable Development：持続可能な開発委員会）が設けられており、これは環境分野（貧困、健康、教育、自然災害、生物多様性など）に多くの重点を置いている。
2002年　持続可能な開発に関する世界首脳会議――ヨハネスブルグ・サミット
持続可能な開発に関するヨハネスブルグ宣言。
2005年　ローマクラブ“The Limits to Growth the Year Update”

状況は１９７２年より悪化して、将来は悲観的であると述べた。

２００６年　スターン報告

「グリーンエコノミー」の土台になるものである。

２００７年　ＴＥＥＢ（The Economics of Ecosystems and Biodiversity）

スターン報告に触発されて出されたもう一つの報告書で、生態系と生物多様性の経済学である。

そして企業としても、環境保全に社会的責任として取り組むＣＳＲ（企業の社会的責任）に力を入れることが、「持続可能な社会の実現」に貢献することである。

２００８年　Ｇ８北海道洞爺湖サミット

２０１０年　生物多様性条約第10回締約国会議

上記ＴＥＥＢ報告書が報告された。これも「グリーンエコノミー」の土台となるものである

２０１２年　リオ＋20としてＳＤＧｓ（Sustainable Development Goals）が新たに提案

１月の非公式会議でまず合意されており、コロンビア、ガテマラなどにより出されていて、ＭＤＧｓを超えてそれを補完し、より包括的にするものである。貧困の根絶、持続可能な経済・社会・環境的領域での開発などで「ＧＤＰを超えた」世界の尺度を示そう

とする価値観に共鳴する国が広がっており、ＳＤＧｓはグリーンエコノミーと並んで21世紀の地球を救う切札になるとの見方も出ている。

２０１２年６月　リオ＋20の「国連持続可能な開発会議」開催

上記の「グリーンエコノミー」とＳＤＧｓの２つがメインイッシューとなった。換言すれば、経済成長の過程において、雇用創出、貧困の撲滅と社会の発展を図り、合わせてエネルギー効率を上げ、資源の効率的利用を進めることが意図されているのである。そのために、先進国として、持続可能でない消費と生産を改めることが議論されている。

途上国などにおける環境・開発問題――前述の１９９２年の環境と開発に関する国連会議（地球サミット）、２０００年の国連ミレニアムサミット、および２００２年の持続可能な開発に関するヨハネスブルグ宣言にて検討・採択された、途上国における都市部のスラム化と居住環境の劣悪化とそれに伴う保健・衛生上の問題、そして、いよいよ進めるべき開発・成長とそれによる環境問題、また、先進国が引き起こしてきた諸問題の繰り返しとその拡大――にいかに対応するか、そして、２０１２年のＳＤＧｓ（Sustainable Development Goals）は、以下のような課題などをも含めて、建設的に議論・検討が進められている。

・「持続可能な原則」の各国の政策への反映と、資源の喪失を継続的に減少させる

・2020年までに最低1億人のスラム居住者の生活改善
・2015年までに安全な飲料水・衛生施設を継続的に利用できない人の半減
・生物多様性の損失の継続的な減少

このSDGsは、GDPではとらえられない「持続可能な原則」の重要な要素を、簡潔でわかりやすい表現でとらえているものとして、「GDPを超えている」と評価されている。

そして、開発のためのODA（政府開発援助―経済協力開発機構）による支援、また、GEF拠出金（地球環境ファシリティー）による支援などにより、開発を軌道にのせつつ貧富の差異を縮めることを図ることも盛り込まれている。

実際、2004年から2010年のわずか数年の間の世界における再生可能なエネルギーへの投資は540％の増加を示している。

また、2005年から2015年の10年間を「国連持続可能な開発のための教育」にあてるものとして、持続可能な社会・地球環境の重要性を広く各国でアピールすべき決議――ESD（Education for Sustainable Development）――が第57回国連総会で満場一致で採択されている。

このように、国連などの国際機関で「持続可能性：Sustainability」は実現すべき公式なテーマとして位置づけられており、そしてMDGs~SDGs的な環境・資源の保全、健康・教育などを重要テーマとしていることは、筆者がこの本で主張している方向が先進的であることを示唆しているといえよう。

しかし国連のこのような取り組みは、いまだ不十分であることをもまた、この本は述べているのである。

我々人間は目先のみに着眼し、その場での物欲・経済性——すなわちGDP——のみを考える悪い習慣にとりつかれているのである。「持続可能性」の危機——人類存亡の危機——は、日本一国の問題ではなく、人類が侵し、直面している世界中のグローバルな課題であり、時間がかかっても必ず解決しなければならない問題である。

すなわち、「持続可能性」の危機に対応できる未来志向の国際的な機関によるイニシアティヴが発揮されることが強く望まれる。

コラム

筆者の最貧地区での体験

アフリカのケニア、タンザニア、そして南米、アジアの一部の地域で、直接に見聞・体験した光景であるが、水不足の地域では上水道はなく、住まい（といっても小屋のような作り）から若い子どもがポリバケツを頭にのせ1日20リットルの水（人の必要最低限水量は50リットルであるが）を汲みに1キロ以上の距離を数回往復する仕事をし、そして疲れ切って他の家事を行っている。

また、降雨のある他のスラムでは、無論、上水道はなく、屋根や箱ものの上にポリたらいを置き、雨水をためて洗濯用、行水用に使っている。これらの地域では、トイレは穴への直接落としで、満足な扉もなく、囲いすら剥ぎとられていて、安心してあれも行えない。思わず心配をしてしまった。

起伏のある地域では、スラムは丘沿いに重なり合って建屋が建っており、崖崩れが心配である。この状況は今でもあまり変わっていないと、最近大使館の人たちがいっていた。

2012年のリオ+20でのSDGsで1億人のスラム居住者の生活改善をゴールの中に入れてあるのに安堵したが、欲をいえばもっと大きな数字の目標でもよかったのに、とも思う。

先進国は、これら最貧国の犠牲の上に発展してきたので、これらの人々の生活水準向上のための支援を積極的にしていただきたいと思う。人の持って生まれた資質（人権は当然のこと）には差がないのである。家には電灯がないとの理由で、街灯の明かりの下でテキストを一生懸命に読んでいる勉強好きな賢そうな女の子に感動して、思わず声をかけてしまったことを想い出す。

第2章

地球サステイナビリティーを損なう環境問題と汚染①

――地球環境全般――

２０１１年10月に世界の人口は70億人を超えたといわれている。貨幣経済・物流の発達、さらに科学技術の進歩、産業革命による物質文明の進展により、１９００年はじめには人口は16億人に増加、そして人口爆発の20世紀を経て約４倍に膨れ上がったのである。そして２０５０年には93億人（総務省統計局データより。国連データでは96億人）と、人口増が続いていくと推定されている（第１章参照）。

この間、生産方式の進展（大量生産）、生活・消費文明の浸透により、地球資源の消費が進むと同時に、環境破壊が進んでいるのである。そして地球環境保全上の問題として、生物種の絶滅・絶滅危惧、温暖化・気候変動、森林資源の減少、さらに汚染水・非衛生水など、多くの問題が生じていて、すなわち、地球環境の破壊が始まっている。

人口増は大きくブレーキをかけられるものではなく、途上国での食糧不足、先進国での石炭・石油使用増加によるその枯渇（の予想）と環境汚染などを起こしており、資源・物の消費・使用の適正化（抑制）、そして最貧国・途上国への支援の必要性があるのである。

この第2章では、まず地球環境の悪化の部分に焦点を当ててみよう。

地球環境保全でカバーすべき諸要素を以下に列記する。

・生物多様性の減少
・温暖化、気候変動
・森林資源の減少・砂漠化
・大気汚染（酸性雨を含む）
・水利用での国境紛争、上水のインフラ、汚水使用、下水、廃水
・産業廃棄物
・オゾンホールの問題
・最貧国・途上国での環境問題

・開発（支援）の問題
・食糧不足
・エネルギー資源の枯渇化・鉱物資源の減少

これらのいくつかは相互に関連し、問題を深刻化しているものがある。例えば、「森林の減少」と「生物多様性の減少」は関連しているし、「森林の減少」、「砂漠化」、「温暖化」、「気候変動」は、それぞれが相互に関連し合っている。また、「途上国での開発問題」は、「人口増」、「食糧不足」と密接に関連していて、その関係をけっしてないがしろにできないのである。このことは、自然・地球環境の諸問題は人類が共有財産として所有しているたいへん貴重な公共財――グローバルコモンズの対象――であることを示しており、どの一つをとっても世界中の人々にとって軽んじられない持続すべき地球資産であることを示している。

「地球環境・社会の危機」の問題は、対象となる領域が広く、また、異なった性質の要素が含まれる。今世代以降の人類とともに、他の生物をも検討の基本に置く必要がある。そして、その検討課題は2つに大別される。一つは、自然環境、生態系、環境の保全・汚染関連などについてであり（本章・第3章を参照）、そしてもう一つは、地球資源・エネルギーの枯渇、食糧危機（第4章・第5章を参照）である。

第1節　自然環境、生態系、環境の保全・汚染関連など

(1)生物多様性の減少

地球上の生物種の数は3000万種（上限）を超えるとの説が最も確からしい数字といわれているが、これらの生物は食物連鎖や共生関係、寄生関係で生態系を形成している。

人間にとっても、生態系、生物多様性はなくてはならない生存のベースである。最新の医薬品の中には数々の抗生物質、抗がん剤、健康食品類などがあるが、これらの生活に欠かせないものが自然界にいる生物から多数取り出されている。例えば、タキソールという抗がん剤は、イチイという植物から開発された。ハチミツを生み出すミツバチは、最も優れた循環的生態系の担い手であると、かねてよりいわれている。また、川や湿地帯にいる微生物が汚染水を浄化してくれており、工場廃水は微生物を活用した浄化設備で処理している。

生物多様性（Biological Diversity）には、遺伝子のレベル、種のレベル、生態系のレベルがあるが、人間の生活にとって不可欠な生物種の減少、多様性の減少が加速しており、その対策が極めて早急に必要となっている。卑近な絶滅動物の例としては、ニホンオオカミ、リュウキュウカラスバト、タスマニアタイガーがある。また、トキやコウノトリは日本で絶滅し

表1-2-1　絶滅種、絶滅危惧種（国別）　2012年度

	絶滅種　動物・植物	絶滅危惧種　動物	絶滅危惧種　植物
日本	13	345	16
インドネシア	3	1,154	393
スリランカ	21	561	286
マレーシア	3	1,196	695
アメリカ	266	1,203	256
エクアドル	7	2,282	1,837
ブラジル	16	1,008	404
マダガスカル	11	856	365
モーリシャス	42	224	88

・絶滅種の多さ、そして絶滅危惧種のたいへんな多さが大きな問題である。
・特に、熱帯・亜熱帯地方の生物種の減少・減少可能性はたいへん危惧される。インドネシア、スリランカ、マレーシア、エクアドル、ブラジル、マダガスカル、モーリシャスなどの国である。

てしまい、海外からの種の導入により人工繁殖させて育てているものである。

　脊椎動物の20％、無脊椎動物の29％、そして植物では64％が、絶滅危惧種になっているといわれている。１９９２年から２００７年のわずか15年間に、地球環境の豊かさの指標である「生きている地球指数」ＬＰＩ指数にして、地球全体で12％損なわれた。特に熱帯地方では30％も損なわれており、大きな問題となっている。

　そのため、生物多様性を守らんとする「生物多様性条約」が１９９２年に採択、１９９３年に発効している。そして２０１０年には生物多様性のための「名古屋議定書」で愛知ターゲットが採択されている。

　多様性危機の原因は、森林伐採、農耕地

の拡大、地球資源の過剰採取などに伴う生息地の変化、過度な収奪、汚染の影響などである。そしてさらに、気候変動が世界の生態系に重大な脅威となり始めている。それゆえ、植林の推進、森林減少の食い止め、環境汚染の削減、生物種の保全などを含めて、このような点における確かな改善が必要である。

(2)森林の減少――森林原則声明　1992年に採択

森林率は世界平均で29％である。日本は国別第2位の66・8％の高い比率であり、25百万ヘクタールが森林の地域である。

現在の世界の森林面積は約35億ヘクタール。人類が農耕を始めた頃は約60億ヘクタールであったとの推定があり、無秩序な農地――焼畑農業を含む――、宅地、工場用地の開発、そして木材利用のための伐採などで、人間が人為的に森林を減少させてきている。

森林を作り上げている植物は、土壌の保水力を高め、雨水を枝葉や下草にため、よいタイミングで蒸散して地域の暑さや寒さを和らげ、乾燥を防ぎ、生活圏を快適にしてくれるとともに、光合成の機能を果たしてくれる。また、防風林、砂防林、水源林となる。

問題となることは、熱帯雨林が陸地の7％しか占めておらず――熱帯アメリカ（918百万ヘクタール）、熱帯アフリカ（527百万ヘクタール）、熱帯アジア（310百万ヘクタ－

ル）――、年々、ところにより約１％の割合で減少していることである。森林は、植物の光合成により二酸化炭素を吸収し酸素を放出して温暖化防止にたいへん役立っている。そして、熱帯林には野生生物種の約半数が生息しており、遺伝子資源の宝庫でもある。森林・植物は生態系の母ともいえ、植物がなければ動物は生存し得ない。

そこで、森林減少の実態を数字の上で見てみよう。

生物多様性の保全のためにも、地球規模の気候変動を防ぐためにも森林の減少を防ぐことは重要である。動物の生息が多く、水資源の涵養の大きいアジア、アフリカ、中南米の熱帯雨林は当然のことながら、世界のあらゆる地域で森林の減少を食い止め、そしてさらに、植林が行われることが必要である。

図1-2-1　森林の面積の増減率

（大陸洲別　2005年～2010年平均の増減）　　（単位：％）

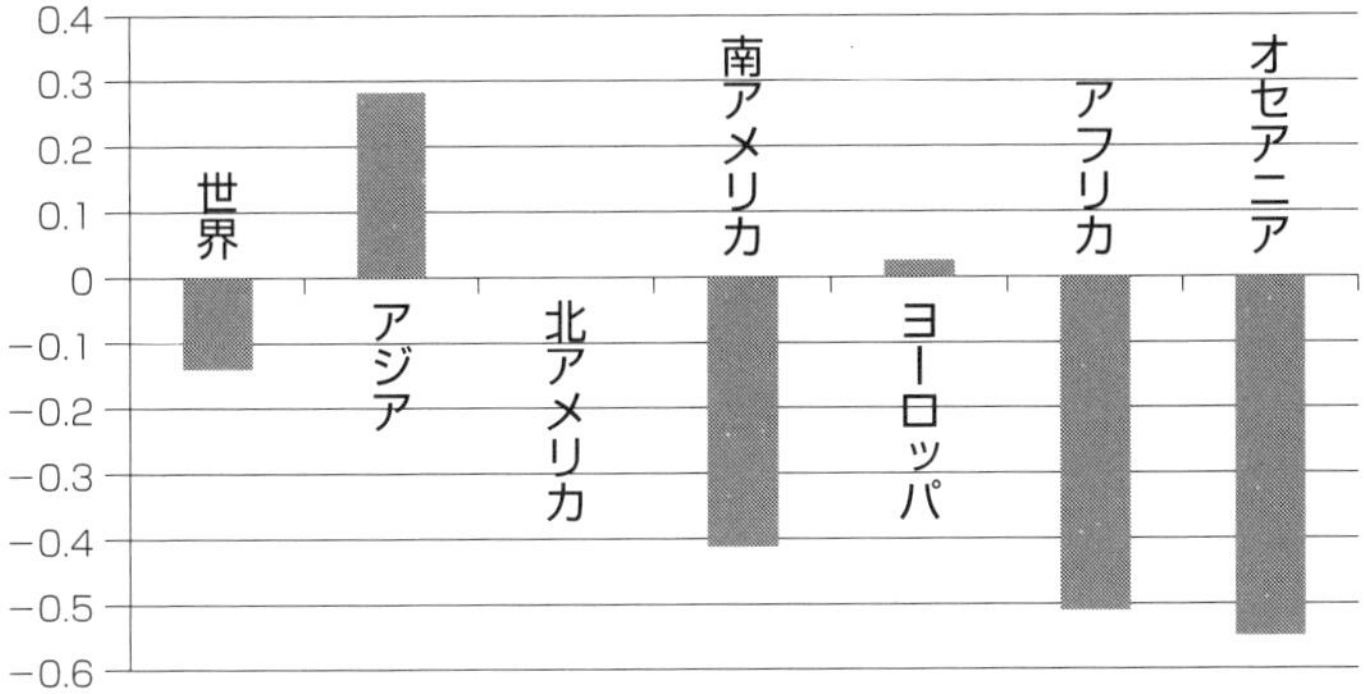

表1-2-2　森林面積の増減（大陸洲別　1000ha当たり　2005年～2010年平均の増減）

（単位：千ha）

国名	世界	アジア	北アメリカ	南アメリカ	ヨーロッパ	アフリカ	オセアニア
	−5,581	1,693	19	−3,581	770	−3,410	−1,071

・大陸洲別では、南アメリカ、アフリカの大幅な落ち込みが目立つ。これは生態系の脆化にも繋がるので問題が大きい。オセアニアも減少している。

表1-2-3　森林の面積の増減（主要国別　2005年～2010年平均の減少）

国名	日本	インドネシア	ミャンマー	ブラジル	ボリビア	カメルーン	ジンバブエ	タンザニア	ナイジェリア
年減少面積（千ha）	+9	−685	−310	−2194	−308	−220	−327	−403	−410
年減少率（%）	+0.04	−0.71	−0.95	−0.42	−0.53	−1.07	−1.97	−1.16	−4.00

・主要国別では、ブラジル、そして東南アジア（インドネシアなど）、アフリカ（ナイジェリア、タンザニアなど）の減少が著しい。特に熱帯雨林の減少は、生態系上も大きな問題となる。減少率ではアフリカ諸国の落ち込みが著しく、改善の必要性が大きい。

(3)砂漠化――砂漠化対処条約　1996年に発効

砂漠化の原因は、過放牧、古くからの焼畑、過度の灌漑農業、薪炭材の過剰伐採、および、これら地域の少雨（25㎜／年）などである。

ゴビ砂漠、タクラマカン砂漠、そして世界最大のサハラ砂漠が代表的な砂漠である。全地球の面積510億ヘクタールの71％が海洋、29％が陸地の面積であり、そして陸地面積149億ヘクタールの24％の約36億ヘクタールが砂漠化の影響を受けている土地である。そしてその広さは日本全土（3800万ヘクタール）の約95倍という大きさである。

このような広い土地の砂漠が、牧草地や農地を奪い食糧生産基盤へダメージを与え、深刻な場合は飢餓や環境難民の発生、民族間の対立などの社会的混乱を引き起こすことになる。

また、砂漠化の進行は、大気汚染の増加（春期の黄砂など）、生活基盤の喪失による貧困の増加、そしてさらに、植物の持つ酸素供給、水分供給、気象の温和化の喪失など、さまざまな悪影響をもたらすことになる。砂漠化の影響を受けている土地の広さ（36億ヘクタール）が、森林の面積（35億ヘクタール）よりも広いというのは、いかに人間が森を、そして環境をいためてきたかの証左である。地球環境保全の視点から、これ以上の砂漠化は絶対に食い止め、広く緑化・森林化を行う必要がある。

(4) 大気汚染（酸性雨を含む）

１９７２年の第一回国連人間環境会議で、はじめて酸性雨が議論の対象となった。pH５・６以下が酸性雨といわれ、その多くはＳＯｘ、ＮＯｘであり、ドイツの針葉樹林での「SchwarzWald：黒い森」の被害が特に大きな関心を引き起こしたが、中北欧での歴史的彫刻や建造物への被害、スウェーデンの湖の魚類への被害などが問題となっている。

元来、酸性雨は、工場、自動車からの排気ガスの硫黄酸化物、窒素酸化物が主因であり、日本でも欧米並みの酸性雨が観測されるが、pH４未満の酸性雨が５％を占めるなど、人および生態系全般に対する影響は無視できない。

１９７２年にストックホルムで開かれた第一回国連人間環境会議で、「大気中および降雨中の硫黄などによる環境への影響」と題して報告され、酸性雨問題が国際的な議論を呼び起こした。

そして欧州では、１９７９年に国連欧州経済委員会で「長距離越境大気汚染条約」が締結され、欧州モニタリングプログラムで共同調査を行っており、また、北米では１９９１年に「大気保全に関する二国間協定」をアメリカとカナダの間で調印した。一方、東アジアの対応としては、１９９３年に「東アジア酸性雨モニタリングネットワーク：ＥＡＮＥＴ」を立ち上げ、２００１年に本格稼働を開始している。国際的にはたいへん大きな問題であり、地球環境保全の点からしっかりとした注意、そして、その削減が必要である。

身近な問題として、2013年～2014年の大気汚染は、ある国ではPM2・5で日本の基準値の22倍の800ppmとなり、市民は皆、マスクを使い不要な外出を控えているような現況がある。

(5)海洋汚染――ロンドン海洋投棄条約　1975年に発効

人間が日常的に陸上で行っている活動の結果――農業で使用する窒素やリンなどの化学肥料、また、途上国での未処理の生活排水や下水などによる海水の汚染――も改善されなければならない。

廃棄物の海洋投棄も海洋を汚染し、魚類の生存と浮遊領域をかく乱し、また、生態系を乱す。さらに、本来アルカリ性であるべき海水のpHの低下「海洋酸性化」が見られる。この酸性化は地球温暖化、すなわち、CO_2の増加によって引き起こされる現象であり、生態系を幾重にも乱す。CO_2は、「便利な暮らし」のために使った化石燃料が原因で大気中に蓄積している。それは次の世代に残す「環境負債」であり、21世紀最大の海の環境問題になる可能性がある。

上記のような国際取り決めを遵守しての海洋汚染の回避は、当然行うべきことであり、C

O_2などの汚染による海における環境問題にも十分な対応をして、地球規模の環境保全を確実に行う必要がある

(6)有害廃棄物の越境

1991年の湾岸戦争で大量の原油が流出して環境被害をもたらしたのは記憶に新しい。「有害廃棄物の越境移動およびその処分に関するバーゼル条約」が1989年に採択され、そして1992年に発効した。

有害廃棄物の越境に関して、有名な事件としては、1976年のセベソ事件――イタリアのセベソの農薬工場での爆発で生じた汚染土壌が、その後、北フランスの郡部で発見された事件――、また、1987年～1988年のココ事件――約3900トンの有害廃棄物がイタリアからナイジェリアのココ港に搬入されナイジェリア政府に拒否された事件――がある。

有害廃棄物を非当事国に移送処理することは、商道徳、社会的倫理の視点からも、また、環境汚染の視点からもあってはならない。無秩序な有害廃棄物は地球環境汚染の視点から、厳重に慎まなければならない。

(7)化学物質汚染

化学物質の引き起こす汚染は、人々に対する公害問題として、環境問題に先立ち発生している。日本では、古くは足尾鉱毒（1887年〜1897年）、また、戦後では水俣病、第二水俣病、イタイイタイ病、四日市喘息の四大公害事件がある。

地球環境問題としてとり上げるべき最初のケースとしては、2004年のストックホルム条約（残留性有機汚染物対策。別称POPs条約）がある。

DDT、PCB、環境ホルモンなどが、その典型的事例である。DDTは後にノーベル賞を受賞したバウル・ミューラーの発見によるもので、殺虫剤、消毒剤として戦後の日本をはじめとして世界中で広く使用されていたが、環境や人体に対する汚染、発ガン性が確認され1971年に製造や使用が禁止された。PCBは安定的な絶縁体として、電気部品に絶縁材、冷却剤、可塑剤などとして広く使われていたが、生物の体内に高濃度で蓄積して免疫機能を低下させるものとして、また、発ガン性があるものとして、1970年代後半から各国で使用が禁止されている。

1990年代の末頃になって、ある種の化学物質が人間など生物の体内に入ってホルモンと似た挙動をするとともに、その働きを妨げたり乱したりする「内分泌かく乱化学物質」として「環境ホルモン」が問題となっている。「環境ホルモン」は不妊、生殖異常、奇形の発生、発達障害を引き起こすとしてクローズアップされている。

前述のＰＯＰｓ条約は日本も批准しており、人間に関わる環境汚染として、そして広い意味での地球環境汚染として対処する必要がある。化学物質汚染は、中国などの特に中進国で懸念される問題で、技術先進国も各種の汚染処理技術を提供して、問題対応を支援することが地球環境保全の上で重要である。

(8)オゾン層の破壊
――ウィーン条約　1988年、モントリオール議定書　1989年に発効

オゾン層は地球を取り巻き有害な紫外線の大部分を吸収してくれるが、工場での製造工程、半導体（エッチング）での使用、家電製品での使用（冷媒）、エアゾル、発泡プラスチック、消火材などに利用されるフロン（ＦＣ、ＣＦＣ、ＨＣＦＣ、ＨＦＣ）が、そのオゾン層を破壊する。

オゾン層の破壊は皮膚ガンを誘発するほか、白内障、免疫機能の低下、植物の葉の成長阻害、農作物の生育・収量の低下、さらに地球規模での気候の変化などを引き起こす。

１９７７年に国連環境計画（ＵＮＥＰ）が「オゾン層に関する世界行動計画」を採択、また、日本では２００１年に「国家ＣＦＣ管理計画」が制定され、続いて「国家ハロンマネジ

メント戦略」を発表、その結果、ようやくフロンの新しい使用はほとんどなくなっている。しかし、南半球においてはオゾン層の破壊が完全になくなったとはいえず、地球環境保全の上からも、その使用の禁止をしっかりとウォッチすることが必要である。

(9)地球的気候変動

――気候変動枠組み条約　1994年に発効、京都議定書　1995年に発効

気候変動・温暖化については、IPCC（気候変動に関する政府間パネル）からの最近の報告（2014年はじめ）を見てみても、CO_2の濃度が産業革命頃（1750年前後）の280ppmから2013年5月に400ppmに43％上昇し、既に400ppmが定着化する危機にさらされていると記述している。

その結果の事例としては、南極の氷床の減少、ヒマラヤ氷河湖の後退、南太平洋における島々の水没の危機に表れてきている。日本における2013年8月～9月の高温（6年前以来の）や、地域的な豪雨にも、地球温暖化の影響が大いにあり得るとの判断が出されている。このような気候変動・温暖化に対する対策として、再生可能エネルギーの推進が世界中で進んでいるが（特にヨーロッパ諸国）、日本はたいへん遅れをとっており、ようやく2012年7月に固定価格買取制度をスタートさせて前年比15％増の設備増に至っているが、これに

ついては第5章で記述しているので、その章をご参照願いたい。

・**水量、水質・汚水**　21世紀は「水の世紀」といわれるほど問題を抱えている。漸次水不足が懸念され始めているが、それに加えて、地域による極少雨量の地域（砂漠・その周辺）での問題、国境河川での紛争問題、そしてそれ以上に水質（汚染水）の問題がある。世界全体では約9億人が安全な水を飲めない深刻な問題もある。サハラ以南アフリカ、南アジア、東アジア他の途上国においても汚染水による健康被害は深刻であるが、水の問題については第3章で扱うので、その部分をご参照願いたい。

・**放射能汚染の問題**　原子力発電が常に内包する過酷な課題である。福島第一原発での事故による同地域、さらに広い周辺への放射能は最大、最善の対応が必要であるが、事故を起こしていない（世界の）稼働中の原発からも普通放射能廃棄物、高濃度放射能汚染物が常に出されていて、地球を汚染し続けている。

蓄積されている汚染物質の放射能の半減期は、セシウム１３７が30年、プルトニウム２３９がなんと2万４０００年の超長期であり、人類史に残る汚点となろう。特に高濃度放射能廃棄物について、人類はいまだ有効な処理方法（完全廃棄処分の仕方）を見つけていないのである。

サステイナブル環境のために、一刻も早く発電を中止し脱原発を行うべきであるが、国際的な取り決めは皆無といえる。それに対して再生可能エネルギーの推進が世界中で進んでいる（特にヨーロッパ諸国。ただし、日本は不十分）。この問題は別報告書で扱うので、これ以上の記述はここでは控えることにする。

以上、(1)~(9)の要因と対応ごとのあらましを述べたが、これらの諸活動では、次世代以降の人々、並びに他の生物にとっての「地球環境の持続性」の上で、けっして十分な対応とはいえない。このような地球環境保全上の問題としての、生物種の絶滅・絶滅危惧、温暖化・気候変動、森林資源の減少、大気汚染など——すなわち地球環境の破壊——が始まっているので、この環境破壊を何としても食い止める必要があるのである（次記も参照されたい）。

第2節　まとめとしての提案

「地球環境の危機」に対する対応として、現在不十分ながら実施中の温暖化対応の諸施策の他に、以下のような対応を提案したい。

・生物多様性上のおそれ、森林資源減少などの前述した内容に焦点を合わせて、重要地域（国）に集中的に強化対応する。植林、環境諸整備（地球環境保全のため）——南米（ブラジル、ボリビア、アマゾン地域）、アフリカ（ナイジェリア、ジンバブエ、タンザニア）、アジア（ヒマラヤ山麓、インドネシア、ミャンマー）など

・森林の育成・強化——地球環境の向上のため、サハラ砂漠、ゴビ・中国西部の植林、ＲＥＤＤプログラム（途上国での森林劣化によるＣＯ$_2$削減対策）での対応（対象区の拡大も含む）。

・排気ガス高排出国（中国、アメリカなど）での工場、交通などでのＣＯ$_2$、ＮＯｘ、ＳＯｘの削減の強い要請——大気汚染、温暖化対応の重点対策。

・大気汚染の削減を図る技術先進国（例：日本）が、汚染発生国（中国）に対して「地球環

境の持続」的視点から支援する。

・ＩＳＯ化――ＩＳＯ１４００１は環境規格であるが、SustainabilityをＩＳＯ規格とするように図る。環境も地球環境・資源に広げ、また、資源の乱用も削減する仕組みとする。

・また、ＣＤＭ（クリーン開発メカニズム）の対策の強化――対象のSustainabilityへの拡大を含む。

・放射能汚染回避のための脱原発への移行の促進。

コラム

異常気象の原因に地球環境の悪化があるのでは？

2013年7月下旬から8月上旬にかけて、日本の多くの地域で、はじめは山口県、島根県、新潟県、そしてその後は、山形県、秋田県、青森県で、ほとんど連日のように「過去にあったことのない」「記録に残る」激しい雨が降り、崖崩れ・濁流・土石流が起こった。車道は河川のように姿を変え、そして広い地域にわたって一面に冠水した。200～300mm（1日当たり）、100mm（1時間当たり）の発表が連日のように報道された。

別表に見られるように、日本の降水量は1530mm/年（これは世界的に見れば平均よりやや多い程度）で、約130mm/月であり、2か月分の量の雨が1日の間に降った状況であり、上述のような被害が発生した。この降雨量は、用意されている排水設備では賄い切れない天災といえるが、しかし同時に山際まで張り巡らした自動車道路、そして宅地利用の結果といった人災の面がないといえなくもない。そして、この間、渇水の地域も見られ、天気・気候はちぐはぐ（テレコ）であった。たいへんな被害をもたらした天気であった。

一方、時期的に重なる8月上旬、全国的に猛暑が続き、四万十市、甲府市、甲州市、館林市では記録的な40°Cを超えた日があったが、これは6年前の平成19年に記録した多治見市、熊谷市の40°C超に並ぶ暑さであった。

上記の大雨・洪水、そして猛暑により、たいへんお気の毒にも連日数人の犠牲者（亡くなった方）がおられたが、ご冥福をお祈りするとともに、気候変動・温暖化の影響があるのではないかと思わずにはいられない（気象学で学ぶ小笠原気団をベースにした説明のみでは理解できない）。冬は世界（日本、アメリカなど）の厳寒も気候変動の跳ね返りであろうか。地球持続性の危機と、環境持続性の大切さを感じざるを得ない今日この頃である。

第3章

地球サステイナビリティーを損なう環境問題と汚染②

——水　不足と汚染——

第1節　水不足は今後世界的に一層大きな問題となるであろう

水の問題は「地球環境の持続性」の中でも最重要な問題ともいい得よう。水問題を考える時、世界における多くの難題、その複雑性に注視しなければならない。すなわち、国際間水紛争の問題、地域による著しい水不足の問題、水のさまざまな汚染の問題、将来的な水資源の不足の問題等々を考えなければならない。「20世紀は石油の世紀」、そして「21世紀は水の世紀」といわれるほど、水は重要であり、難題を抱えているのである。

(1)はじめに、国・地域による水紛争の事例

水は日々の生活が直接関わる問題であるとともに、水不足のために、水を求めて起きている国際間水紛争の問題にもなっている。重要な事例は、以下の通りである。

・メコン川：チベット（中国）、タイ、ミャンマー、ラオス、カンボジア、ベトナム
・ヨルダン川：ヨルダン、レバノン、シリア、エジプト、イスラエル、パレスチナ、
・ナイル川：エジプト、スーダン、エチオピア、ケニア、タンザニア、ウガンダなど

このように、水は古くから現代に至るまで人の生活、生存に欠かせない最重要なものであり、常に国家間の争いとなり、それが続いているのである。水は一部の多雨国を除いて世界的には不足しており、今後の人口増、経済の進展とともにその不足は一層顕著になってくる。この問題は汚染がらみの問題でもある。

(2)世界における水の需給バランス――たいへん不足している国・地域がある

世界の降水量、水資源量、取水量の関係を見てみよう。

表1-3-1　世界の降水量、水資源量、取水量

	世界平均	日本	サウジアラビア	インド	フランス	インドネシア
降水量（mm／年）	780	1,560	30	1,080	760	2,680
1人当たり水資源量（㎥／人・年）	7,800	3,030	nil	1,700	3,000	14,500
1人当たり取水量（㎥／人・年）	560	680	720	580	570	380

・日本は、降水量はやや多め、水資源量はやや少なめであるが、水の水田利用があるため、取水量は世界でもやや多い。

水不足の問題については、素朴な疑問として、水の惑星といわれ、あの広い大きな海には水がたくさんあるにもかかわらず、不足する根拠をにわかには信じがたいという多くの人々には、海水（塩水）はホメオスタシス（恒常性）が働いて飲料水とはなり得ないことを、はじめに述べておく。すなわち、地球上の水のうち、河川水、氷河水、ダム水、淡湖水、地下水の一部しか利用できる淡水がなく、それは地球上の全水のたった２・53％にすぎないのである。換言すれば、地球上において循環している水——地球に降る雨水のうち、海に降ったものはそのまま海水となり、また、陸地に降った雨水も河川や地下水となり最終的には海に流れ込む。そのいずれもが、その後蒸発して雲となり、そして再び降水となる——が人が利用できる水なのであり、その量は一定である。今後その使用量が表1－3－2のように増えるので、いずれ水は不足することが予見されるのである。現在における、地域による著しい水不足についてはこ

表1-3-2　世界の用途別水需要の実績と予測（単位：十億㎥＝約十億トン）

	1990年	2025年	2025／1990 比率（%）
農業用取水量	1,100	2,650	2.41
工業用取水量	200	800	4.00
生活用取水量	90	500	5.56
その他	10	250	
合計 取水量	1,400	4,200	3.00

（シクロマノフ博士による）

の節の後段で記述している。

世界全体としての水の需給は、人口増、生活文化の向上により将来がたいへん危惧される。特に、エネルギーの場合と違って水には代替物がないので、世界としての水不足が現実のものとなった時は、人類の破滅に至るともいい得るのである。水不足の問題――現在31か国で不足しており、また、2025年には48か国で不足に苦しむとの予想がある――は、このように看過できないものである。この問題は食料不足にも関連している。

食料の消費拡大に伴う食料増産に欠かせない水の使用増が当然のこととして想定されるが、さらに表1−3−2のように工業用水、生活用水での予想される増量は、水不足危機を十分に感じさせるものである。同時に問題なのは、第2節で述べる水の汚染の問題であり、それが使用できるクリーンな水を一層不足させるのである。

図1-3-1　上水の使用量の少ない国　(単位：ℓ／人・日)

ガンビア（4.5)、マリ（8)、ソマリア（8.9)、
モザンビーク（9.3)、ウガンダ（9.3)、カンボジア（9.5)、
さらにタンザニア（10.1)、中央アフリカ（13.2)、エチオピア（13.3)、
ルワンダ（13.6)、チャド（13.9)、ブータン（14.8）など

現状では、国・地域によって水不足が極めて顕著である。前述の水不足31か国は、中東諸国を筆頭に、サハラ地域、地中海沿岸、西アジア、中国北西部、オーストラリア、アメリカ西部などの国である。

上水の使用量の少ない国の実情を見てみよう。

多くのアフリカ諸国と一部のアジアの国での上水使用量は、最低限の生活用水50ℓ／人・日（アメリカ太平洋研究所）の20％にも満たない量であるが、これは第一に、上水設備そのものの普及がいかに遅れているかを示すものでもあり、その整備が必須である。

将来の水の需要を見てみよう。ベースにある人口増加は、21世紀半ばまで続くと予想されているが、特に発展途上国での増加が著しく、工業化、都市化の進展とともに工業用水、生活用水の必要量が増えることは確実である。そのため、発展途上国（特にアフリカ、続いてアジア）が水の需要増加にいかに対処し得るかであるが、それは重大なグローバルな課題でもある。途上国の人口増については第1章をご参照いただきたい。

次に、地下水の危機が世界的に進んでいる。日本では、数メートルもしくは十数メートルを掘れば地下水を得ることができる。しかし注意を要するのはハイテク工場や洗濯業者の周囲でトリクロロエチレンなどの有害物質が混入する事件に見られるように、地下水が絶対安全とは必ずしもいえないことである。

世界的に見れば、帯水層の地下水が枯渇し、地下水への依存度の高い地域では、水資源の確保が困難、もしくは取水が高価になっている。配水システムを欠いているなどのため、農業用水としてもっぱら地下水を頼りにしている地域は多いが、地下水位の低下と枯渇が農業生産に負の影響を与えている。地下水を頼りにしている工場も、過剰揚水をした結果、同様に渇水と枯渇にあえいでいるところが増えている。

地下水の危機は、中近東、アラビア半島、北アフリカ、中国北・中部、インド北西部・パキスタンの一部で深刻である。アメリカでも、グレートプレーンズ南部で帯水層の地下水が激減し、危機的状況である（多くの場合、農業・灌漑用水として使用してきている）。全世界での農業用水としての地下水の汲み上げ量は１６００億トンで、これは日本の総利用水（生活、工業、農業用）８３０億トンの2倍に当たる量である。アジア、アフリカなどでは飲み水などの生活用水として10億人以上が地下水に依存していて、その枯渇は由々しい問題となりつつある。

なお、地下水利用で注意すべきは、農業・灌漑用水からくる農薬、ゴミ処分場・産業廃棄物からの有機リン酸エステル・有機塩素で、そして特に砒素は最も注意警戒すべき物質である。

(3)日本の水使用量について

ここで我が国の水使用量の整理をしておこう。日本でのバーチャルウォーター（Virtual Water）について述べることにする。

図1-3-2がバーチャルウォーターの量である。我が国としてはこのバーチャルウォーターの多さが、農産物の自給率アップの必要性と相まって問題である。それは食材の生育過程、輸送中での水・エネルギーの使用によるＥＦ（Ecological Footprint）の増加でもある。

次に、日本での水の使用・供給のバランスシートを見てみよう。表1-3-4の通りである。

(4)地球環境の悪化、気候変動が水にどのような影響を与えるか

地球環境の悪化、気候変動が水にどのような影響を与えるか、「地球環境の持続性」の視点から見てみよう。

気温が上がると、一般に水循環は速くなるといわれているが、地球温暖化・気候変動によ

表1-3-3　日本の水使用量

国内全使用量年835億トン(835億㎥)-1,800ℓ／人・日		
生活用水	1日1人当たり	300ℓ-300kg(127百万人)、うち飲料2ℓ
	国内全量	年139億トン(16.7%)
農業用水	国内全量	551億トン(66%)
工業用水	国内全量	145億トン(17.3%)

・他に、バーチャルウォーター 年640億トン(主として農・水用)の使用-1380ℓ／人・日

図1-3-2　日本の年間の輸入品の生産に必要な水の量(単位：億トン)

米18.7、麦類275.9、 豆類50.7、肉類（牛肉68.2）

※上記だけで約410億トンである。

表1-3-4　日本での水の使用・供給のバランスシート

（単位: 億㎥／年-億トン／年［換算］）

降水量（年平均）	6,400
蒸発量	2,300
水資源量	4,100
使用量	830
非使用量（使われない河川水、地下水等）	3,270

り、水の少ないところでは渇水・干ばつとなり、多いところでは洪水に、そして低い海岸では水位が上がり浸水を受け海岸線が後退する。

地球温暖化とともに、水資源量の較差は広がり、水不足は一層深刻になる。特に水ストレスの高い地域、例えば、中国北・西部、西アジア、中近東、地中海沿岸・北アフリカ、アメリカ西部などでの水不足は一層深刻となるであろう。「国際移住機関」の報告書では、砂漠化により中国の北西部、サハラ砂漠縁部が居住不可能となり、10億人の居住が不可能となるであろうと推測している。地球温暖化の影響でウエットランドは干ばつの悪影響、海面の上昇により縮小しつつある。

一方、洪水も多発するようになる。南太平洋の小さな島国ツバルは、数十年も経たずに海水に覆われ消え去るであろう。バングラデッシュは、過年の大洪水で国土の70％が完全に浸水し、溜池の水を飲むなどで伝染病が蔓延し、病人が続出した被害があった。メコン川流域でも同様の異変が起き、洪水により米作が壊滅的被害を受けている。

従来は一国の責任、あるいは数国間の紛争の性格が大きかったが、今や地球環境問題が原因となるに及んでグローバルなレベルで対応を考えることが必要となっているのである。地球環境上の対応がしっかりと進まない限り、この問題の基本的、抜本的な解決はないであろう。

第2節　水汚染は極めて深刻――十分強化したグローバルな対策が必要

(1)世界における水汚染の現状

世界における水汚染の現状は「地球環境の持続性」上の最大の問題であろう、水の汚染性に大きく関わる各国の指標を見てみよう。まず、公衆水道、汚染防止、ふたのある井戸、泉、雨水などの水を安全な水と定義して、上水資源の利用できない比率を表1-3-5に示した。

次に、排泄物が人と隔離されて処分される施設――水洗式、穴式（家屋内外）――を衛生施設と定義して、下水施設の利用可能比率を見てみよう（図1-3-3）。

この結果として、汚染の可能性の高い水をこれらの国々の人々は飲んでいるのである。以上は主として生活環境における水の汚染の状況で、衛生環境・条件の極めて悪い国が世界にはまだたくさんある。これらの国々での浄水、そのための支援は必須である。水汚染の現実、実態を掘り下げてみよう。

生活用水での水汚染――未処理下水

世界人口の約半数に当たる地域で、トイレがなく未処理で下水に流している。大腸菌など

表1-3-5　安全な水の飲めない人口とその比率

	非衛生水人口	総人口	比率
サハラ以南アフリカ（ソマリア、エチオピア、コンゴなど）	32,800万人	77,800万人	42%
南アジア（インド、バングラディシュ、アフガニスタンなど）	20,700万人	161,300万人	13%
東アジア（中国ほか）	16,200万人	143,000万人	11%
東南アジア（カンボジア、インドネシアなど）	7,800万人	56,500万人	14%

（世界保健機構）

・他に、西アジア、北アフリカ、旧ソ連諸国、中南米などにも非衛生水利用の人々がおり、世界全体では8億8,400万人（ユニセフ発表値）が安全な水を飲めない、あるいは汚染の可能性のある水を飲んでいる。中でも、サハラ以南アフリカ諸国の著しい遅れが目立つ。

の病原菌がいっぱいの場所が世界ではいまだ多い。発展途上国では、廃水の90％が未処理のまま河川に流されている。そして発生する病気の80％は水が原因であり、飲料水が媒介する病原菌と汚染が原因で、毎年1000万人を超える死者が出ているといわれている。人口過密、貧困、そして特に衛生施設の不足が原因で、絶滅しかけていたコレラ、腸チフス、マラリアが蔓延するのである。アフリカのみならず身近なアジアの発展途上国にも似たような状況が見られる。これらに対する衛生設備、水道設備の普及、そして水の浄化が極めて必要になっている。この生活排水は水汚染の主たる原因の一つであり、前述の数値が示すように、発展途上国では生活排水による水汚染は極めて重大である。

水系病原体で特に注意すべきもの（伝染病を

図1-3-3　下水施設の利用可能比率

エチオピア 11%、ソマリア 23%、ルワンダ 23%、コートジボワール 24%、ネパール 27%、インド 28%、カンボジア 28%

・サハラ以南のアフリカでは、多くの国が40%以下である。
・東南・南アジアでも50%以下の国が少なくない。

含む）は次の通りであり、（主に）途上国における汚染水は要注意である。細菌類では、コレラ菌、赤痢菌類、腸チフス菌・パラチフス菌、病原性大腸菌、カンピロバクター、レジオネラ菌、そして原虫のマラリア、さらにウイルスではA型肝炎ウイルス、ノロウイルスなどがあり、これらによる病疫にかからないように、汚染水の浄化（Sanitarization）が必要である。

農牧地における水汚染——農薬、化学肥料、除草剤を原因とする汚染

これが場所によってまま見られる。特に有毒な砒素が混入している地下水も、場所によって見られることがあるので、十分な注意を要する。農業廃水は汚染源として、十分な管理が必要である。農薬、化学肥料（硝酸塩、リンなど）は作物の収穫量と出来具合のためとの理由で長く使われてきているが、汚染、人体に対する被害の点から、それらを使わない、そして人と地球にやさしい有機農法が強くすすめられる。

有機肥料や緩効性肥料の使用促進、また、畜産動物の排泄物は無秩

序に排出すると地下水を汚染する可能性があるので、よく管理の上、肥料への再利用がすすめられる。また、農業用水路における直接浄化も重要である。これらは発展途上国、先進国の区別なくグローバルな問題である。

産業廃水における汚染――放射性廃棄物、有害化学物質などの混入

産業廃水の汚染が、多くの国、場所で時々見られる。これは特に先進工業国とともに、中進国の問題でもある。

工場廃水による汚染は、企業の環境倫理の欠如から起きる場合が多い。トリクロロエチレン、テトラクロロエチレンといった有機溶剤、環境ホルモンなどがあり、さらに毒性の強い砒素、シアンなど、人体・健康（肝臓・腎臓・神経系などの障害、ガンの誘発、骨髄・骨の損傷など）への悪影響ははかりしれない。我が国では水俣病以降、企業からの廃水は相当に改善しているが、中国を含めた発展途上国においては、いまだ大きな問題を抱えている。そして産業廃水は、かえって産廃管理の不十分な先進国に見られた（る）ことも見逃せない。

一般的に飲料水での注意すべきものとして、毒物7種がある。カドミウム（「イタイイタイ病」の原因）、水銀（「水俣病」）、セレン、鉛、砒素（「森永ミルク事件――1955年」、「和歌山カレー事件――1998年」）、クロム、シアンの7物質である。

また、以上の他にトリクロロエチレン、テトラクロロエチレン、トリハロメタンなどが飲料水としての注意物質であるが、特にトリハロメタンは水道水の浄化のための塩素処理に際して発生するもので、日本国内でも時折、取り沙汰されるものである。毒物の人体に及ぼす害悪については他でも述べているが、最も注意すべき典型的なものは発ガン性である。

廃棄物の不法投棄（産業、一般）はそれ自体問題であるが、水の汚染にとってもたいへんな脅威となるものである。中でも産業廃棄物は、企業の環境倫理の問題として、わずかなものであっても即刻の中止・改善が必要である。無秩序に捨てられた廃棄物は、池沼、河川、特に地下水を汚染する。地下水から発ガン性のあるベンゼンや有害な砒素が基準以上に検出されるような投棄も少なくない。使用済みの石膏ボードが有毒な硫化水素を発生していた例もある。

(2)具体的な水汚染、被害の目につく事例――企業としての汚染対応はどうか

発展途上国の生活廃水の90％は、未処理のまま河川に流出する。そして、先進国には産廃による汚染水の問題がある。前述した汚染の状態を、地域、国の事例で述べよう。

まず、アフリカでは、ヴィクトリア湖が危機に瀕している。ケニア、タンザニア、ウガン

ダが産業廃棄物と生ゴミを垂れ流している。セネガルとニジェールの河川には魚が生息していない。揚子江には毎日想像を超える大量の産業廃棄物と生ゴミが捨てられ、黄河は灌漑にも使えないほど汚染されている。中国の主要河川の80％に魚が生息していない。インドは中国に次いで水が汚染されている。人が身を清める聖なるガンジス川も、排泄物と細菌に汚染され、悪臭を放っている。水汚染に対しての必要な技術開発対応は、この後の(4)で見ることにする。

(3)越境汚染は由々しき問題――水にも越境汚染がある

身近な問題としての越境汚染は、我が国にとっては他人事ではなく、たいへん差し迫った問題である。水の汚染も同様である。中国の長江は水量が減じて干上がっているとともに、工場廃水による汚染で太平洋にとっても最大の汚染源となっている。そして黄河の水が流れ込む渤海もまた、極めて汚染されており、海洋生態系の汚染、劣化は甚だしい。ここで捕れた魚類は日本に大量に輸入されており、その中には汚染された魚介類もある。また、汚染された水がいずれ日本海、さらに瀬戸内海にも達するおそれすらあるのである。

酸性雨の原因となる大気の汚染でいえば、硫黄酸化物や窒素酸化物を含んだ雲が我が国に流れてきて酸性雨を降らせる。特に冬季は北西よりの偏西風の影響で、日本海側、山陰地方に大量に被害が出始めており、将来、他地域への影響を含めてたいへん憂慮される。酸性雨は土壌の中にいる1グラム当たり1億個以上の微生物が死んで樹木が育たず枯れてゆき、森林が著しく損害を受ける。

このような越境汚染については、国家間での検討、調整が必要である。

(4) 汚水、汚染水に対する廃水処理対応の基本、そして方法

汚染水に対する対応として、まず、一般的には——

・生活環境の整備、汚水排出の防止の活動、その浄化
・農業廃水の整備、管理、その浄化
・産業基盤の整備、汚染物質・汚染水の削減、その浄化
・ダム、貯水池などの汚染防止の治水、その他総合的インフラ整備（行政レベル）
・水資源の利用・排水対策の啓蒙、アドバイザー派遣制度
・そしてより具体的には前述のような途上国（水の供給・使用の少ない、また、水汚染の多い国）における汚染のないクリーンな水の十分な供給

以上のようなことが必要である。

そして、そのためには、先進国による財政的支援、特に民度の低い発展途上国では汚水防

止のための下水の施設とともに、不足のない給水が得られるように上水の設備を普及させることが重要である。

さて、現在普及が始まっている技術（汚染水対応、汚水浄化の方法としての膜分離技術）には――

・「逆浸透法」：RO（Reverse Osmosis）―1Å～10Å
・「限外濾過膜法」：UF―10Å～3μ
・「精密濾過膜法」：MF―1000Å～10μ

以上の対応法があり、そのうち「逆浸透法」（RO）が最も広く利用されている。UF、MFは、濾過精度がやや粗い反面、安価な濾過・浄化ができる。ROにおいても、少し濾過精度が低いがコスト削減のため、ルースRO（Loose RO）の使用も始まっている。これらは対象物質、処理目的、要求制度、コストなどにより使い分けられているが、微生物、活性汚泥使いの方法を附加処理することもある。物理・化学処理を産業廃水に、生物処理を一般廃水に使うが、対象テーマは、広く複雑である。そして高分子分離膜（Membrane）も水処理に使われる。

さらに、次のような分野での応用・活用編がある。

・廃水リサイクル法―微生物で廃水を浄化した後、放流していたものを、濾過と生物分解を組み合わせた再処理で水として再利用することも有効な方法である。

・水の循環利用―下水処理をするとともに、その処理水を凝集濾過、活性炭吸着、殺菌（塩素消毒、オゾン処理）を行って再生水を作り、生活用水の他、農業用水、公用溜池などに循環利用する方法も途上国での利用に活かせる手法である。日本では、地下涵養も行い不足しつつある地下水資源の確保にも役立てている。

・下水処理とそれによる発電の技術・施設は、環境浄化とともに分散型のエネルギー源にもなり得るので、発展途上国の都市部において有効な処理法となるであろう。特に汚泥を発酵させてメタンガスを作り燃料電池を使って発電して、電力を得るのは効率性が高い。

・飲用水精製技術―これは、時には先進国でも必要となる技術で、特に前記のような細菌類、原虫のマラリア、ウイルスなど、人の健康を害する病原菌の駆除・飲料水化は常に検討されなければならないのである。

次に、海水の淡水化について述べよう。海水の淡水化は歴史的には18世紀以前から試みられているが、発達した近年の技術としては、電気透析法と逆浸透法が主流であり、既に利用は始まっている。

淡水化の方法として、古来よりの蒸発方法の他に、海水の濾過法、水処理膜を使った逆浸透膜ＲＯ、電気透析法（陽イオンと陰イオン交換膜に海水を通し電圧をかけ、塩素イオンとナトリウムイオンを除去して淡水を得る）、ＬＮＧ冷却法（冷却したＬＮＧを使って凍結した海水を溶かす過程で淡水を得る）などがある。

このうち、海水の淡水化に最も普及しているのがＲＯ法であり、従来は前述のようにコスト高が難点であったが、オイルマネーのある中東産油国では採用可能なコストに既になってきている。企業によっては海水淡水化ビジネスに積極的であり、海水の淡水化は降雨量が少なく上水インフラの不足している地域でのさらなる活用は有意義であろうし、中東、アフリカ、中国などで多くの事例が始まっている。

水資源の少ないところで水を得られる海水の淡水化は、極めてありがたい手法であり、クリーン水としての使用を可能にするものであり、既に４７００万トン／日の設備の稼働も始まっている。主にＲＯ（逆浸透膜）を使用している技術で、いまだコストが高くサウジアラビアの他、イスラエル、シンガポール、オーストラリア、アメリカ西海岸で建設が進みつつあるが、他にインド、カザフスタンでも同様の動きが始まっている。日本の総合商社による淡水化プラントと廃水処理設備の受注も増えている。

なお、汚水浄化とのからみでナノテクノロジーを活用することが進められている（ナノ＝1／10の９乗）。ナノ膜、多孔性ゼオライトなどを利用する技術、また、酸化鉄のナノ粒子が水中の汚染物質を効率よく除去するということが見つけられ、逆浸透膜法への活用に道を開いている。

第3節　まとめ——水問題は「地球環境の持続性」を危うくする身近な問題

ここまで述べてきたように、水資源の問題は、発展途上国をはじめとして多くの国々で差し迫った重大な問題であり、グローバルな対応が必要である。

(1)グローバルなさまざまな水問題の要約

・**水不足の問題**—現在31か国で不足しており、２０２５年には48か国が不足に苦しむとの予想がある。この問題は食料不足に繋がる（前述参照）。

・**水の汚染の問題**—産業・経済の開発・発展とともに大きな問題となっている。特に発展途上国では、前述の通り、病気の80％は水が原因といわれている。

・**地下水の危機の問題**—水を求めての地下水の過使用・枯渇の問題、地盤沈下の問題。

・**気候変動による問題**—水循環の崩れによる渇水と洪水

・**開発・経済の進展**—人口増とともに、これらの問題はさらに悪化する。それら水関連問題に対する対応の必要が一層強まるのである。

(2)グローバルな水問題に対する対応

まず、我が国としては、企業による汚水処理、廃水処理の技術で世界に貢献し、地球サステイナビリティー対応における切札とすることが望まれる。

これまでに述べたような条件下において、国際間の水紛争、各地での水汚染の対策として、可能な限り国際政治の枠組みで、安全保障システム・国際機関の設置・機能強化とそれによる監視と、支援の強化で、その状況を改善する必要があるであろう。そして、特に前述したようなクリーンな水の不足している発展途上国、最貧国の支援が必須である。それによって「地球環境の持続性」がはじめて保たれるのである。

(3)水問題での提案

この章の第2節でも案を述べているが、さらに以下のような提案を述べたい。

「地球サステイナビリティーの最大の危機」の一つである水汚染に対するプライオリティーある対策、そして――

1　世界における水不足、および水汚染・非衛生水――約9億人に近い――による被害の大きさ（特に地域によって）を広く告知し、グローバルな開発、支援の輪が広がるようにすべきである。

2　前述のような諸々の水処理法のコスト的な大きな改善を行い、一層の普及化を目指す——特に最貧国、途上国にて——、すなわち、膜分離技術（ＲＯ、ＵＦ、ＭＦ）の各種方法、下水処理法、水の循環利用、海水の淡水化法の改善と普及である。

3　特に汚染の激しい揚子江、ガンジス川、メコン川、そしてアフリカのヴィクトリア湖などでの技術・開発などの支援。

4　特許を含めての技術——各企業に埋没しているものが多い——にEngineeringを組み合わせて、より有効な技術として活かす。

5　調査、推進のためのシンクタンクの働きも醸成する必要がある。検査機関、研究機関も現状は不十分である。地域による著しい窮状が十分に認識・確認されていない場合が多い。

6　ＣＤＭの適用範囲を「地球環境の持続性」全般に拡大することと、国々によるサポートの強化、そして、その中に水を重要事項と位置づけ、「地球環境の持続性」確立のための国際機関・国際的枠組みの強化が必要である。

第4章

地球サステイナビリティーを損なう資源問題①

――物資・食糧の不足――

第1節　資源・物資の枯渇

資源・物資の不足化・枯渇の現状には、食糧資源、エネルギー・鉱物等の問題があるが、個別の記述に入る前に、それらの現在に至る歴史的背景について触れてみよう。

１７６５年にイギリスのワットによって蒸気機関が発明された後、内燃機関（ガソリンエンジン）の発明があり、いわゆる産業革命がスタートしたといわれている。そしてアメリカで1859年にはじめて油田の発掘が行われ、いよいよ工業化、産業化に拍車がかかり、その結果、生活の利便性向上、経済の拡大が進んだのである。

しかし、それとともに人類による地球環境を損なう行為・活動が行われ、また化石燃料をはじめとする地球資源の過剰使用が始まり、「地球環境・社会」を危機に陥れることとなった。第4章・第5章では資源・物資の枯渇について記述したい。

まず、食糧問題としては、2010年の世界の人口は約69億人で1970年の約2倍に増加し、それに伴いコメ、トウモロコシ、小麦などの穀物の需要も22億トンとなって1970年の約2倍になっている。

そして、世界の飢餓人口は8億5000万人（うち3億5000万人が子ども）、そしてそれが一因で死亡に至る人が年々約900万人（毎日2万5000人）の多さに至っている。

このような極貧の地域の人々に対する支援のために、途上国の開発・環境問題が、今や重要な課題となっている――リオ+20――。すなわち途上国の課題は、なによりも貧困を隔絶し食糧難を解消する。そして、そのためには、先進国の消費・生産レベルを落とし、一方の途上国の消費・生産レベルを引き上げることなのである。

次に、鉱物資源の枯渇がある。石油、天然ガスなどのエネルギー、またレアメタルなどの鉱物資源の過剰使用が、その枯渇を引き起こしている。

エネルギー資源としては、近年の多数説では、可採年数が石油で約40・6年、石炭は約204年、天然ガス約60・7年となっている。そして今後の消費増を考えると、その枯渇はもっと早くなるであろう。それら主要エネルギー資源の起源は、地球の歴史を遡って、古生代に繁栄した植物、動物、微生物が化石化したもので、「化石燃料」と呼ばれている。

また、ＩＴ機器や携帯電話の部品の一部として従来使用されていなかったレアメタルが使われ、貴金属とともに、その調達不足が懸念されている。レアメタルや貴金属分野では、いわゆる「都市鉱山」と呼ばれるもので、今やリサイクル・リユースが行われており、世界埋蔵量に対する日本の蓄積量（主に都市鉱山）の比率は、アンチモン19％、インジウム15・5％、タンタル10・6％、金16・5％、白金3・8％、銀23・5％となっている。使用済製品を回収した上、再生工程を経てこれらを資源化することは、地球環境の保全の見地からも重要である。すなわち、再生可能エネルギーの開発推進、都市鉱山の開拓推進などは3Rとともに重要なサステイナブル対策である。

途上国などにおける環境・開発問題については――上記のような諸問題とともに、途上国では都市部でスラム化と居住環境の劣悪化、また、それに伴う保健・衛生上の問題、そしていよいよ進む開発・成長とそれによる環境問題がある――、先進国が引き起こしてきた諸問題の繰り返しとその拡大があり、それゆえ開発のためのＯＤＡ（政府開発援助―経済協力開発機構）などの支援により、地球環境保全を図りながら、開発を軌道にのせつつ貧富の差異を縮めることを図ることが最低限必要であるが、さらに国連の改革が進み、その積極的参画により、地球資源・社会のサステイナビリティーの維持・確保が担保される必要がある。

第2節　世界における地域によっての食糧の危機的不足——飢餓状態

世界の飢餓人口は約9億人超（うち3億5000万人が子ども）、そしてそのため死亡に至る人が年々約900万人（毎日2万5000人）の多さに至っている。このような極貧の地域の人々に対する支援のために、途上国の開発・環境問題が、今や重要な課題となっている。リオ＋20でも、雇用創出、貧困・飢餓の撲滅が、資源の効率的利用と共に意図されているのである。

この飢餓に苦しむ人々、9億2500万人の内訳は、表1-4-1のようになっている。

そして、およそ75%が農村に住む貧しい農民で、残りの25%が大都市周辺の貧困地域である。そして特に気候変動により、年により雨量の少ない東アフリカのエチオピア、ソマリア、スーダン、ケニア、タンザニア、ウガンダ、ルワンダなどは食糧に困窮している。これらの地域の貧困さ・所得の低さとともに、世界的な人口増に対して食糧の供給が追いついていない実態が原因であるが、このような飢餓が存在していること自体が現状での「地球環境・社

表1-4-1　世界の飢餓人口の地域別内訳

地域	人口
アジア・太平洋地域	5億7,800万人
サハラ以南のアフリカ	2億3,900万人 （人口約7億人の34%=約3人に1人）
中南米	5,300万人
中東・北アフリカ	3,700万人

（FAOによる）

会の持続性」の危機であり、後に述べるGGHの視点から改善されなければならないのである。

なお、1人当たり熱量供給量（総務省統計局）は、米国3688キロカロリー、欧州ではイタリア3627キロカロリー、ドイツ3549キロカロリー、フランス3531キロカロリー、英国3242キロカロリー、また、日本2723キロカロリーであるのに対して、アフリカの例では、スーダンなどは2300キロカロリーである(以上、2009年データ)。

すなわち、この較差が大きな問題であり、最貧国、途上国には、低所得ゆえの生活上の難題となっている。この摂取量の改善・解決の見通しには、現状、疑問符をつけざるを得ない状態である。しかしこの飢饉の問題は抜本的かつグローバルな取り組みでなければならないのである。

第３節 将来の世界的な食糧不足は今後一層激しくなろう

この問題の解決は必要である。生産に先立つものとしての世界の農地面積を見てみよう（表1－4－2）。

食糧の需給を決定する要因は、需要面では人口と1人当たり食糧消費量、そして、供給面では耕地面積と単収（単位当たりの収穫量）で、合わせて４つの要素がある。

・２００５年7月の人口は64億６５００万人で、年率１・２％（２０００年以降の近年）の増加であり、30年には82億人になる見通しである。

・発展途上国の経済発展・所得増大に伴う穀物消費の拡大と、食生活の高度化・多様化に伴う肉類・乳製品の摂取割合の増加による間接消費の増大——肉１キロのための穀類の消化は、牛肉で11～15キロ、豚肉で7～9キロ、鶏肉で3～8キロである——があり、１人当たりの穀物消費量は増加する（平均約１・４倍）。

・世界の耕作面積は１９７０年代の7億２４００万ヘクタールから２００３年の6億４６００万ヘクタールに減少している。また、総耕地面積は13・8億ヘクタール（２００９年

表1-4-2　世界各地域（州）の農地面積推移

（単位：千ha）

	1995年	2000年	2009年
世界	1374,598	1384,766	1381,204
アジア	498,609	485,470	473,206
日本	4,630	4,474	4,294
北アメリカ	260,054	257,738	244,707
南アメリカ	96,260	105,991	112,750
ヨーロッパ	294,444	287,594	277,971
アフリカ	176,920	198,695	224,418
オセアニア	48,311	49,279	48,154

（総務省統計局の資料より）

- 世界全体としては減少気味の横ばいで、問題ありである。人口増の背景において、当然増加しなければならない項目で、これは重大な問題である。
- 北アメリカ、ヨーロッパは減っている、そして日本もアジアとともに減っているが、これでよいのか、大きな問題である。特に人口の多いインド、中国が工業化の進展で減っているのが問題。
- 南アメリカ、アフリカは増加している。特にアフリカの増加はもっと加速すべきであろう。

表1-4-3　世界の穀類生産高（コメ・小麦・大麦・トウモロコシなど）

（単位：百万t）

	2008年	2009年	2010年
世界	2,525	2,494	2,458
アジア	1,183	1,200	1,219
北アメリカ	502	507	489
南アメリカ	146	127	151
ヨーロッパ	505	466	407
アフリカ	153	159	156

- 世界全体で減少気味-世界人口は増えているにもかかわらず――で、これが問題である。
- 北アメリカ、ヨーロッパは共に漸減、アジアも少ししか増加しない。
- 増産の必要なアフリカがほとんど増えていないのは大きな問題。

表１-４-２参照）で、農業人口は１３０７百万人、１人当たり耕地面積は１・06ha／人に落ちている。

・日本は農地面積４２９４千ヘクタール、農業人口２６０１千人、１人当たり農地面積１・65ha／人。

・単収についても、農業の近代化（灌漑整備、肥料・農薬の使用、農業の機械化）により以前はその増加率が３％／年であったものが、１９９０年代以降は１・５％／年にまで低下しており、かつ化学肥料・農薬の使用は、今後環境面における制約条件があり、単収の増加は、あまり期待できない。

・一方、さらなる制約条件として、農地の減少と劣化の可能性がある。

・工業化のため、土壌汚染、水汚染、大気汚染による懸念がある。

・都市化のため、車道・アスファルト、ビル・コンクリート、住宅による地球環境悪化の懸念がある。

・灌漑用水の限界によって、世界人口の約40％が慢性的水不足の状態である。

・地下水の減少、地域における使用地下水の枯渇（前記参照）。

・農薬、化学薬品などによる環境汚染。

・気候変動――豪雨・濁流、干ばつ、温度上昇――。

・穀物などにおけるバイオ燃料転換による食用分の減少、価格高騰（後記参照）。

人の穀物消費量は３７０～３８０kg／人・年で近年推移しており、したがって人口68億人として世界の消費量は25・５億トン／年と計算できる、今後これが上述のような理由——食生活の高度化を含めて——で供給（生産）が伸び悩み、また低下する時、食糧危機が到来することになるのである。

前述の通り、消費が地域によって大きく異なっていることが特に大きな問題であり、それは現在から将来に続く問題なのである。アフリカと並んで飢餓状態があるアジア（日本を取り巻く）での食糧不足を見てみると、別表のようにアジアで耕地面積が減少していることを含めて——

・アジア全体で２０２０年に５億５０００万トン（約18億人分）不足。

・中国だけでも２０３０年に２～３億トン（約６～10億人分）不足。

・そして、２０１０年以降は世界全体で食糧危機が始まっている。

右記の通りの問題と対応が大切であるが、エネルギー調達のために食糧供給が損なわれる問題、「相反」する関係を見ておこう。すなわち、バイオ燃料（バイオエタノール、バイオディーゼル）の問題である。

表1-4-4　各国の自給率

（2009年　単位：%）

	穀類	野菜類	肉類
日本	23.2	83.2	56.1
中国	103.4	101.8	97.4
アメリカ	124.8	92.3	113.4
イギリス	101.0	43.4	68.0
オランダ	19.8	302.9	187.7
ドイツ	124.1	33.4	114.4
フランス	174.1	62.6	100.5
ロシア	128.9	76.8	72.0
オーストラリア	242.3	87.8	162.7

・日本の自給率の低さ（特に主食のコメにおいて）が目立つ。かろうじて野菜類で少し挽回しているが、肉類はいまだ低い。この低さは、食糧の世界における事情にマイナスに働く。
・オランダは低土地で面積も小さいため、穀類の自給率は低いが、野菜は十分高い。ＥＵ内における相互シェアを巧みに行っている。
・中国は各分類に広がっている。
・オーストラリアは資源国であるとともに、農業でも強い面がある。

穀物のバイオ燃料転換は２０００年から２００７年の間に3倍に増加した。それが主因で食品価格は高騰し、２００２年から２００８年の間に75％の上昇を見ている。人類の歴史の中で、このように食料を熱源に替えるという愚行を行ったケースはなく、わずかな例外として過去にヤシ油（や松根油）などを明かりに使用したとの例がある程度である。

カーボンニュートラル（生育の過程で光合成により二酸化炭素を吸収して酸素を出している）の植・食物のバイオ燃料を正当化する思想と、目先の金儲けに誘惑された人々による愚行である。アメリカでは愚かな支援策（￠１／１ガロンの補助金）も見られる。一方、第二世代（廃材、使用済み食用油、家畜排泄物など）のバイオ燃料を活かすことはたいへん筋が通っており、ＯＥＣＤも第二世代のバイオ燃料にすべきことを提言している。

最近の食糧事情を述べれば、２０１０年の世界の人口は約69億人で１９７０年の約２倍に増加し、それに伴いコメ、トウモロコシ、小麦などの穀物の需要も22億トン以上となり、１９７０年の約２倍になっている。

人の生存の基盤である食糧は一日たりとも欠かすことのできない重要なものであるが、それは同時に地球環境における欠くべからざる生物の再生資源でもある。そして、食糧の需給悪化の方向は明白であり、食料は人間生活における欠くべからざるものであるから、グローバルな対応が求められる。そして、食糧問題は途上国の問題であるとともに、それ以上に先進国（自給率の低い日本を含めて）が起こしている課題でもある。

第４節　日本の間違った農業政策を立て直すヒント

日本の農業に関わる数値を見てみよう。

農家の戸数、農業者のいずれもが表1-4-5のように減っている。たいへん問題となる状態である。

日本では約１００年にわたって不変の構造があった。それは農家戸数５５０万戸、農地面積６００万ヘクタール、農業就業人口１２００万人であったが、それが１９６１年の「農業基本法」によりさま変わりして、その後、農業人口約１７５万戸（２００８年）、農地面積４２９万ha（２００９年）、農業就業人口２９９万人（２００８年）の規模に一気に縮小した（農地面積は世界の０・３％）。

基幹作物のコメについては１９７１年に減反交付金による価格支持政策を導入し、その結果、過剰米の発生（過大在庫を生じ）などの新たな問題を生じ、また畜産物については飼料穀物を輸入に依存するという、ちぐはぐな政策が行われた。これは減反政策、工業・産業優先主義がもたらした結果の果てである。その結果、日本の食糧自給率は23・２％（２００９年　カロリーベースで40％の換算）となっている。

表1-4-5　日本の農家世帯

	総農家（千戸）	専業農家（千戸）	農業就業人口（千人）
昭和　55	4,661	623	6,973
60	4,376	626	6,363
平成　2	3,835	592	4,819
12	2,337	426	3,891
22	1,631	451	2,606
23	1,561	439	2,601

表1-4-6　日本の農業生産額

（単位：億円）

	総産出額	米	野菜	畜産
昭和　55	102,625	30,781	19,037	32,187
60	116,295	38,299	21,104	32,531
平成　2	114,927	31,959	25,880	31,303
12	91,295	23,210	21,139	24,596
21	81,902	17,950	20,850	25,466
22	81,214	15,517	22,485	25,525

・コメの減少は決定的である。その影響が大きく、総産出額も減少している。
・この間、野菜は逓増していることに着眼したい。

世界の穀物自給率をみると、米国124・8%、フランス174・1%、ドイツ124・1%、日本と同じ狭い島国の英国101%である。低地で面積が小さいオランダは、唯一、欧州で低い数値（19・8%）であるが、野菜類（302%）・肉類（187・7%）の自給率は高く、EU内での生産棲み分けをしているのである（2009年、別表1-4-4参照）。そして、日本のこの自給率の低さはたいへん問題で、この問題は必ず改善しなければならないのである。

表1-4-7のように、日本はすべての品目で自給率が落ちている。コメも100%未満になっている。野菜は算出額が増加しても、自給率は低下している。これは需要は増えているが、供給が追いついていないことが原因であろう。畜産も自給率が落ちているのは供給が追いついていないことが影響しているようだ。小麦、豆類の自給率も低く問題があろう。特に植物性タンパク質の大切さより、豆類の低さは改善の必要性が大きい（特にアメリカの大豆はGMO品である）。すなわち、国としては、食糧不足が世界的に一層深刻になる将来において、調達の安全性を欠いている。

日本としての農政の在り方は、以下のようなものである。

第一に、農地の徹底的利用が必要――耕作放棄を禁ずること（減反政策をやめる）や、生産調整・支援の見直しが必要である。また、他の農産物とのデカップリング（Decoupling）を要する。そして耕作地の減少に歯止めをかけ、増加するような誘因を与える。

第二に、付加価値品への指向――野菜類、肉類・乳製品など、―農業のさらなる高度化―表にも傾向が明らか。

第三に、リサイクル――エコフィード（食品残渣の飼料化―いまだ17％）の徹底。

第四に、アジア諸国との連携、農業開発、食料流通、環境保全的コラボレーション――コメは世界的には不足している――特にアジアでは、耕作地の削減に歯止めをかけ、その増加を図る。アジアではコメは特別の意味を有し、日本のコメが好まれ始めている、そして中国でも日本食品に対する嗜好は高まっている（1・5～2倍の価格）。

第五に、食品は、安全志向、健康志向にある。それゆえ国産品（日本品）への指向が高まり、その購入は伸びている。

第六に、地産地消、直売ルートでの開拓、そのための助成（過剰な流通マージンの削減）。

以上により日本農業の再興を図ることができる。

なお、付加価値品という時、それは温室栽培・ハウスものなど、特別に人の手とエネルギーをかけ、シーズン外れに、ほんの一部の高所得者の食指・贅沢心を満足させるものを

表1-4-7　日本の食糧自給率

（単位：％）

	昭60	平成2	7	12	17	19	20	21	22
総熱量自給率	58	48	43	40	40	40	41	40	39
穀自給	31	30	30	28	28	28	28	26	27
米	107	100	104	95	95	94	95	95	97
小麦	14	15	7	11	14	14	14	11	9
豆類	8	8	5	7	7	7	9	8	8
野菜	95	91	85	81	79	81	82	83	81
肉類	81	70	57	52	54	56	56	58	56
魚介類	93	79	57	53	51	53	53	53	54

意味しているのではない。オランダの例にあったように、野菜類・乳製品などの、消費者の食嗜好が向かっている健康的で、安全・新鮮なものを供給することで、それがSustainabilityに通じるのである。グルメ（Gourmet-F, Epicure-E）はけっして現代的、あるいはこれからのカッコイイ生き方ではなく、そのような飽食の食習慣をやめるとともに、ＬＯＨＡＳ（Life Styles of Health and Sustainability）――健康的で自分と地球の持続性に通じる――のすすめである。それにより高血圧、糖尿病、心臓病、脳疾患、ガン、そして肥満にならないように注意したいものである。

第5節　食糧問題のまとめ

世界における食糧生産の伸び悩みに対して人口増は必然的であり、食糧不足の問題は今後ますます悪化するであろう。特にこの章の第2節で述べた極貧の地域――特にアジア・太平洋地域、サハラ以南のアフリカ――をはじめとした飢餓地域の状況は一層深刻化するであろうから、これらの人々・国に対する開発支援は最重点の課題であり、少なくとも早急に生活に事欠かない食環境に改善される政策がとられる必要がある。すなわち、「地球環境・社会のサステイナビリティー」の上での重要な課題なのである。

提案

「地球社会のサステイナビリティー」の視点から、次のような途上国・最貧国への配慮・支援が極めて重要である。

・アジア・太平洋地域、サハラ以南のアフリカをはじめとした飢餓地域の国・人々――9億人を超える飢餓人口――に対する開発支援、つまり、人道的見地に立っての農業技術開発、資金的支援。

・環境を無視した工業化、そして都市化による土壌汚染・水汚染は、農業用地を減らし、農業生産を損なうことが懸念されるので、それに関わる総合的で適切な政策――特にアジア、アフリカでの――が必要である。アフリカ用のネリカ米の開発・導入も見られる。

・環境汚染・気候変動による豪雨・濁流、干ばつなどに対する地球規模での検討・対応などが必要である。

一方、日本は過去に行われた目先しか見ない政策によって、コメについての価格支持・減反政策の失政が続いており、その結果、自給率23・２％（カロリーベース40％）――世界で最悪――の農産物輸入依存型に落ち込んでおり、その改善が国政の上でも強く望まれる。

・耕作放棄のない農地の徹底的利用、休耕地の活用――例：漢方薬原料の栽培（山椒、五苓散、六君子湯など）――。

・野菜類、肉類・乳製品などにおける付加価値品への指向――農業の高度化（いわゆる、グルメ品ではない）――、有機栽培への各種の支援。

・日本では、特に政府も農業基本政策として、規制削減・撤廃などをして、その結果としての自給率を引き上げるべきである。農業生産法人は既に1万3500社設立されている（2014年2月現在）。農業の難しさはむしろ販売・流通にあり、農協に頼らない消費者・使用者とのウォンツとり入れ型のルート開発を要する。

・アジア諸国との連携、農業開発、食料流通、環境保全的コラボレーション。

第5章 地球サステイナビリティーを損なう資源問題②
―エネルギーの枯渇、金属資源の不足―

第1節　エネルギー枯渇の危機

地球サステナビリティーを危うくしている資源不足――石油エネルギーが社会に登場したのは、最初の油田の発掘が行われた１８５９年といわれており、その後、分留技術の開発で、ガソリン、軽油、灯油、重油に分離され、自動車、航空機、工場における動力源として使われるに至った。特に、フォードによる大衆車が20世紀初頭に導入されて以来、そして第二次大戦終了以降の旅客航空機での利用を含めて、運輸目的でのオイルの使用が年々上昇してい

表1-5-1　先進国・途上国でのエネルギー消費

	人口（億人）	エネルギー全消費量（100万トン/年）	エネルギー1人消費量（トン/年・人）
先進国（米・欧・日本）	7.8	4,056	5.20
旧ソ連・東欧	4.0	1,685	4.20
途上国（アジア・アフリカ）	41.1	2,292	0.56

出所：東大基礎科学科資料

るとともに、石油化学（プラスチック、フィルム、合成繊維など）での石油の使用増など——により、今やその埋蔵量、枯渇がたいへん心配されるに至っている。

エネルギー使用において大戦終了以前の第一位は石炭であったが、大戦終了以降は今日まで石油が第一位、天然ガスが第二位（輸送のための液化を含む）で、そのいずれも今後の不足が危惧されている。新しい資源としてオイルシェール（ガス）が登場してきたが、エネルギー資源の不足は決定的であり、その使用減、省力化は必須である。

大昔7000万～7500万年前（中生代に遡る）の恐竜全盛期以降、170万年前の新世代中期にわたっての長期間に生物の遺骸により生成されている化石燃料を、20世紀初頭より21世紀に至るたった100年強程度の間に使い尽くしかねない現状は、現代人の桁外れの傲慢さであろう。

次にエネルギーの全体像を鳥瞰してみよう（表1－5－1）。

先進国と途上国の消費量の大きな違い、そして将来の途上国

表1-5-2　世界各地の石油の埋蔵量・耐用年数

	埋蔵量（10億バレル）	耐用年数（年）
世界計	991	35
中東（サウジアラビア・イラン・イラク・クウェートなど）	662	100
北・中・南米	151	26
西欧（ノルウェー・英国）	15	10
アジア（中国・インドネシアなど）	44	19

の人口増と生活水準の上昇を考える時、今後の全消費量の大きな伸びが想定される。なお、人口増の90％は発展途上国によって占められることは明白である。

さて、世界のエネルギーの需要は、１９６５年に38億ｔｏｅ（Ton of oil equivalent：原油換算トン）、そして２００９年は１１２億ｔｏｅに増えており、これは年率２・５％の増加である。ＧＤＰの伸びを大きく凌駕する使用量の増加が見られる製品であり、将来の不足が心配される分野である。経済成長と人口増、生活文化向上に伴う開発途上国、また、中進国の今後のエネルギー消費増が主たる要因である。

次に、世界各地の石油の埋蔵量と耐用年数は、表１−５−２の通りである。

次の世代で枯渇に至るとの見方が一般的であり、「地球社会の持続性」の問題となる。なお、埋蔵量・耐用年数の推定は、年を追っても減らないことがあるが（この間の原油価格上昇に伴う許容採油コストの上昇による埋蔵量増が一因)、上記のような世界の人口増と生活文化の向上を考慮すると、化石燃料の消費増は明々白々であり、特に石油の枯渇は歴然としている。

第2節　エネルギーの推移と現状と予測

(1)世界のエネルギーの消費と供給――推移と現状

世界のエネルギー消費量の現状を理解するために１人当たり消費を見てみよう（表１‐５‐３）。

・アメリカはだんとつの多さであり、少しの改善では焼け石に水の状況。
・ヨーロッパも周辺諸国の増量もあり、オセアニアとともに警戒を要する。
・アジアの増加は人口の大きさを考えると脅威になろう。日本も多い。
・世界的には、１人当たりでも増加の方向にある（絶対額はさらに大きく増えている）。
　これが問題である。

次によりわかりやすくするために２００９年をグラフ化してみよう（図１‐５‐１）。
・アメリカの多さが一目瞭然である。

それに対する主要産出国の石油埋蔵量・天然ガスの埋蔵量はどうなっているであろうか。

次の２表（表１‐５‐４‐(1)(2)）の通りである。

表1-5-3　世界の1人当たり消費エネルギー

（単位：kg／年）

	1999年	2008年	2009年
世界	1,358	1,493	1,465
アジア	721	1,042	1,077
アメリカ	7,973	6,866	6,486
南アメリカ	865	1,029	1,004
ヨーロッパ	2,853	3,231	3,018
アフリカ	347	356	353
オセアニア	4,269	4,098	4,108
日本	3,665	3,210	3,003

出所：総務省統計局　2013年

図1-5-1　世界の1人当たり消費エネルギー　（2009年　単位：kg／年）

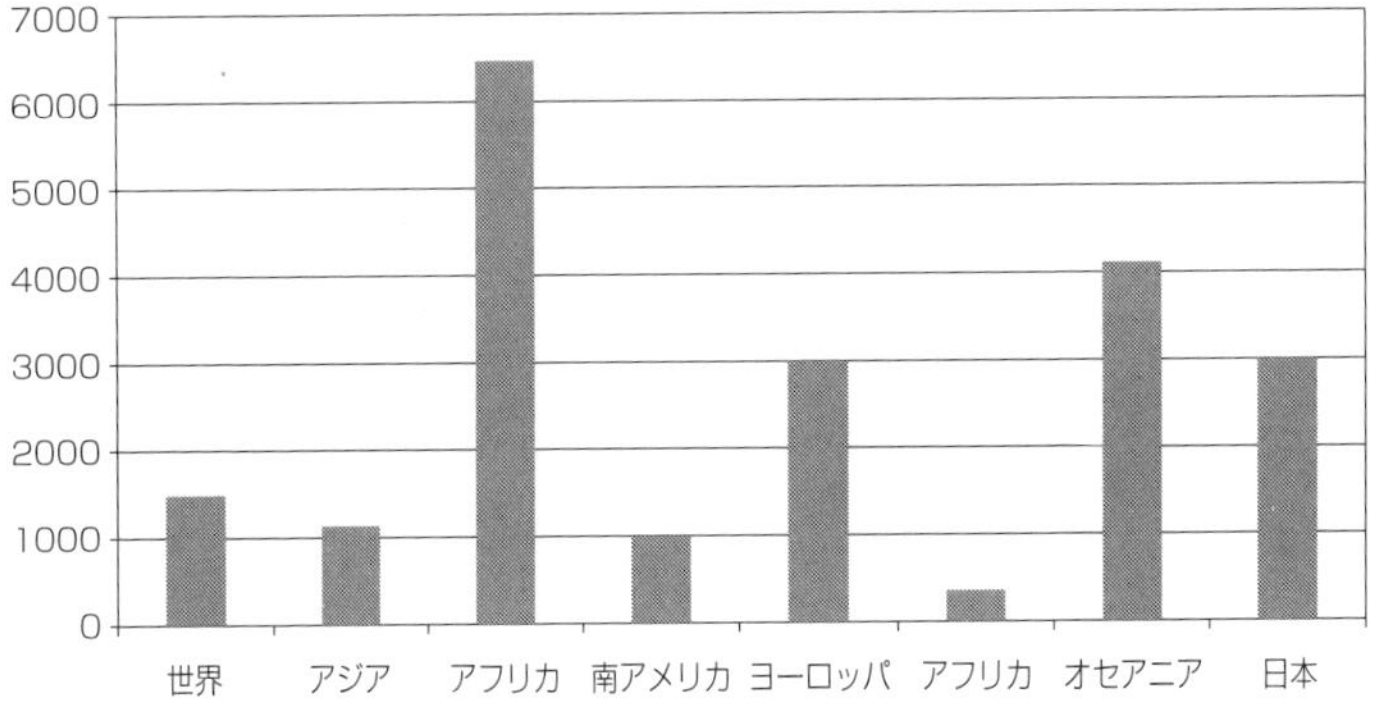

表 1-5-4-(1)　主要産出国の原油の埋蔵量 （単位：100万トン）

	アラブ首長国	イラク	イラン	サウジアラビア
2003年	12,875	15,074	14,674	35,709
2012年	12555	15,478	17,329	34,518

	アメリカ	ヴェネゼラ	ロシア
2003年	3,768	10,097	6,654
2012年	3,429	13,997	10,647

出所：総務省統計局　2013年

・主として開発により埋蔵量の増加している国もある。イラン、ヴェネゼラ、ロシアなどである。
・全体として、原油の埋蔵量には限りが見られる。使用減・省力化がたいへん必要になってきている。

表 1-5-4-(2)　主要産油国の天然ガスの埋蔵量（単位：10億㎥［ガス状］

	アラブ首長国	イラン	カタール	アメリカ
2003年	5,837	23,179	9,004	4,717
2012年	6,432	29,610	25,172	7,022

	ヴェネゼラ	ロシア	ナイジェリア
2003年	4,057	47,768	3,476
2012年	4,983	44,900	5,292

・ロシアの大きさが目立つ。続いてイランも多い（また増量している）
・サウジアラビアは少なく、代わってカタールが多い（また増量している）。
・アメリカでの開発が進んだ（量は少ない）。

(2)世界のエネルギー消費の予測

エネルギー消費の過去の実績と将来（２０３５年）の予測は表１－５－５の通りである。天然ガスをはじめとした化石燃料の消費が伸びることが予測され、そのため今後の枯渇が大きく懸念される。すなわち、エネルギーの消費はさらに大きく伸びるが、それを押し上げてい

表1-5-5
世界のエネルギー消費の推移と予測

（単位：石油換算億トン）

		2007	2035年予測	2035/2007
エネルギー消費	世界	111	169	1.5倍
	アジア	36	71	2.0倍
石油消費	世界	41	54	1.32倍
	アジア	10	20.5	2.05倍
天然ガス消費	世界	25 (20LNG換算トン)	45 (36LNG換算トン)	1.8倍
石炭消費	世界	32 (46石炭換算トン)	45 (64石炭換算トン)	1.4倍
電源発電量		20兆kWh	38兆kWh	1.9倍
発電設備		45億kW	77億kW	1.7倍

データ出所：東大出版会

表1-5-6　主要国の電力量と１人当たり電力消費量(2008年　年間)

	アメリカ	中国	日本	ロシア	インド	ドイツ	フランス
(ギガkWh)	4,369	3,457	1,082	1,040	830	637	575
(千kWh／人)	14.0	2.5	8.5	7.3	0.7	7.7	9.2

出所：総務省統計局　2013年より

・電力事情についても、アメリカの消費の多さが目立つ。そして日本も、ヨーロッパ諸国並みである。

るのがアジア（中国、インドを含む）の伸びである――細かくいえば、中南米、オセアニア、アフリカの使用増もある――。この傾向は石油など、他のエネルギーについても同様である。また、発電部門についても同様の伸びを示す。以上を集約して、このように（2)を参照）エネルギー消費が大きく増える予想に対して、埋蔵量は頭打ち（特に原油）である（(1)を参照)。全体として今後のエネルギーの枯渇は極めて明白で、「地球社会の持続性」の危機になる。したがって、省エネに努めるとともに、化石燃料に頼ることなく、そして脱原発の上で、後記の再生可能エネルギーの拡大推進が重要となってくるのである。

(3)日本の現状について

日本の場合、従来型の化石燃料のエネルギーは完全に輸入依存である。それにもかかわらずヨーロッパ諸国——原油、石炭、天然ガスの産出あり——と同程度の使用量を示していることは問題である。ちなみに、２００９年では、日本は３００３kg／人・年、ヨーロッパは３０１８／人・年であった。

表1-5-7
日本の一次エネルギー供給量

PJ（ペタ・ジュール）単位：千兆ジュール

	石油	石炭	天然ガス
1990年	11,003	3,308	2,102
2000年	11,157	4,203	3,133
2010年	8,853	4,982	4,237

・これらの相当部分が次の電力に転換される。
・石油から天然ガスへの切り換えが進みつつある。また、石炭への切り換えも進みつつある。しかし、エネルギー源としてはいまだ石油が第１位である。

図1-5-2
日本の２０１０年の発電設備と発電電力

発電設備 -24,360 万 kW
1-LNG、2- 石油、3- 石炭
※ 0.2%＝ 53 万 kW（実動）が再生可能エネルギー（2012 年に買取制導入で、太陽光のみで 750 万 kW）

発電電力 -9,762 億 kWh
1-LNG、2- 石炭、3- 石油
※ 1.2%＝ 119 億 kWh が再生可能エネルギー

・電力のほとんどが化石燃料で賄われている。調達のしやすさ、購入コストの比較感より、天然ガスが急上昇しており、石油は漸減し始めている。

第３節　再生可能エネルギーの種類と今後について

再生可能エネルギーには次のような種類がある。

・太陽光発電（光→電）　　・太陽熱発電（光→熱→電）
・風力発電　　　　　　　　・地中熱発電
・水力（小規模）発電　　　・海流発電（潮汐・波力・海洋温度差）
・バイオマス発電――バイオエタノール―バイオディーゼルがあるが、第二世代（食廃棄、動物糞尿、薪木材残滓、ゴミ）のみにすべき
・水素（石油精製副産物、天然ガス系）
・燃料電池（都市ガス・電力に触媒反応させる）
・浸透圧発電

次に、再生可能エネルギーの中でもメインになりつつある分野について――

・**太陽光発電**（光→電気）――太陽電池（Solar Cell）の開発・市場化は、日本では早くも１９８０年代に遡るが（筆者も当時開発に関与）、その後、欧州諸国の先行を許

して、太陽光発電では世界でたいへん遅れをとるに至った。

しかし砂漠や平原のみでなく、家屋やビルの屋上でも利用できるので、スマートグリッド構想における利用を含めて今後の大幅増が大切である。

結晶系（単結晶、多結晶）、アモルファス系、化合物系（CdS、CdTe、GaAs、InP）、さらに有機薄膜などの広がりで、分散型使用にも特徴を出せる化石燃料代替のクリーンなエネルギーとして伸ばす必要がある。

世界での２０１１年の太陽光発電の累積導入量は６７３５万キロワットに対して、日本は４７０万キロワットである（前述のように２０１２年は７５０万キロワット）。

・**風力発電**――世界では、２０１１年で既に合計約2億キロワットの発電設備量があり（大型原子力発電２００基以上）、年成長率20％以上が続いており、全電力に占める比率も現在の３％が２０２０年には12％に上がることが期待されている可能性の大きい発電方式である。
日本の風力発電は、国土の狭さ、また景観主張パワーにより、約２３０万キロワットの総設備量にすぎない（２０１４年は、アセスメントの義務化、建設助成金の廃止で、10万キロワット予想）。しかし風力発電はエネルギー源としては無尽蔵で、文字通り再生可能のエネルギーである。設置の後の維持費は安く、排ガスを出さないたいへんクリーンな発電方式である。

ＥＵ諸国の中でも、特にデンマーク、イギリス、オランダに多く、これら諸国の海岸線の風力発電は、化石燃料、原子力発電の呪縛を断ち切った人間の叡智を感じ取ることができる。

陸地の狭い日本でも、これをお手本として、洋上浮揚・据付――現行より高い買取価格を設定しようとする検討あり（２０１４年1月）――を含めて風力発電を増やす政治政策に力を入れてもらいたいものである。

・特に期待できる他の新しいタイプの再生可能エネルギー――

海洋エネルギー：日本近海での海洋エネルギーの能力は、将来的には、原発50基分との試算もある、たいへん大きな可能性を持った自然エネルギーである（潜在的に）。

波力発電：波の上下運動による歯車を回転運動に変え、発電に変換する。

海流発電：黒潮や親潮の海流で発電する（風力発電の海中版）。

潮流発電：海峡を流れる海流でプロペラを回し発電する。

海洋温度差発電：暖かい海面水と冷たい深層水の温度差を利用。アンモニアの気化を活かしてタービンを回す、最も大きな可能性を有する。日本は海洋エネルギーの技術開発において、潜在力は世界一と考えられるが、現実の開発はたいへん出遅れている。

・**バイオマス発電**――先進国（ＯＥＣＤ）では一次エネルギーの４・２％になってるが、これは穀物・果実などの食糧用の使用を含めているものである。日本では２０１０年の新エネルギー導入量は原油換算１９１０万キロリットルで、そのうちの８９４万キロリットル（熱利用を含め）がバイオマス電・熱を目安にしている（エネルギー庁ほかより）。食糧難にあえぐ多数の人々がいるこの世界では、第二世代のエネルギー化にとどめるべきである。

・**地熱発電**――潜在的には膨大なエネルギーであるが、設備容量は世界が８００万キロワット、日本が50万キロワットの少なさである。温泉業、国立公園、世界遺産などとの競合があり、やや時間がかかるであろう。

・**水力発電**――日本では小型以外にはまったく実現性はないが、世界では中国の三峡ダム発電所のように、今後の可能性は十分にあり得る。

次は、新エネルギーといい得るが、炭化水素系であるので正しくは再生可能エネルギーとはいい得ない。

・**シェールオイル**（Shale oil：頁岩）――秋田県内の岩盤層にあり、最大１億バレル――国内の年消費量の１割――で、ＪＯＧＭＥＣ（石油天然ガス・金属鉱物資源機構）が１年以内に試験採掘の予定である。また、アメリカ、カナダで現在採掘がブーム化している。この影響もあって、ＬＮＧ（液化天然ガス）のアメリカからの輸出が積極化されている。

・**オイルサンド**――さらに開発中である。

・**メタンハイドレート**――南海トラフほかの領域ではじめに発見され、ＪＯＧＭＥＣがガス取り出しの基礎的な技術の開発に見通しを立てた。シャーベット状のもので、既にガス取り出しに成功している。日本では、秋田沖、佐渡沖、能登半島沖、隠岐周辺での発掘の可能性があるものとして、一定の時間をかけて調査した（存在を確認。経済産業省、２０１３年8月 朝日新聞）。問題は採掘にかかるコストがどの程度かである。日本での必要天然ガスの１００年分ともいわれている。

第４節　再生可能エネルギーの見通し

(1)発電量の現状と見通し

世界では、新設発電所の発電ベースの割合は２００６年に６％であったものが２０１０年には30％になった（設備容量では34％）。また、ＩＥＡ（国際エネルギー機関）の２００８年の報告で２０５０年に再生可能エネルギーが46％になるとの見通しを出しており、今や世界的に再生可能エネルギーが支柱になりつつある。これは「地球社会・環境の持続性」の点からはたいへんよいことである。

現在、再生可能エネルギーの中でのメインアイテムは次のようなものであるが、それの世界での導入量は次の通りである。

・**太陽光**――２００８年の１５００万キロワットが、２０３５年に２・４億キロワットに（16倍）。

・**風力**――２００８年の１億キロワットが、２０３５年に６億キロワットに（６倍）。

バイオについても、２００７年の石油換算３７００万トンが、２０３５年に１・６億トン

（４・３倍）と伸びることが予想されるが、食料消費との競合にならぬように、極力第二世代のものに限るべきである。

すなわち、全体として再生可能エネルギーは、２００８年の２・９％（構成比ベース）に対して、２０３５年には５・４％＋６・９％（＝12・３％）と、１・９～４・２倍以上と大きく伸びる。

一方、再生可能エネルギーへの投資についても、２００３年にはわずか３００億ドルであったものが、２００９年１４８０億ドル、２０１０年１８８０億ドルと大きく伸びており、再生可能エネルギーの生産を裏づけている。

なお、日本の投資額は65億ドルで、中国５６０億ドル、ドイツ４３０億ドル、米国３５４億ドルに対して非常に少なく、再生可能エネルギーにおける立ち後れが目立つ。早急の対策強化が必要である。

(2)日本の政策

日本では、紆余曲折の後、２０１２年7月より再生可能エネルギーの買取制度を実施した。この制度では、発電した電気をすべて買う仕組みとなっている。経産省は価格については毎年見直す。欧州でも同様の買取制度を先行していて、自然エネルギーが大きく伸びたの

表1-5-8　買取制度スタート時の買取価格　（単位：円／1kW時）

	買い取り価格	期間
太陽光	10kW未満・以上　（42円）37.8円	2013年より 10～20年
風力	20kW未満　57.75円、 20kW以上　23.1円 ※洋上風力は36円の検討中 （2014年1月現在）	20年
地熱	42～27.3円	15年
中小型の水力	35.7～25.2円	20年
バイオマス	40.95～13.65円	20年

・バイオマスは、メタン発酵ガス化、未利用木材、廃棄物、サイクル木材が含まれる。

である（ドイツは7500円／年であったが、2012年に若干下げた後、2013年に再び上げた）。日本での1年後のこの制度による実績は、発電設備の15％増である（2013年8月21日発表）。

再生可能エネルギーの導入による副次的効果として、雇用の創出がある。例えば、メガワットクラスの風車には約1万点の部品があり、これは電気自動車の部品点数に匹敵する。200社以上の国内企業がその製造を支えており、雇用の点で極めて裾野の広い産業である。このことは他の再生可能エネルギー全体についても当てはまり、雇用の機会が広く、EUのケースであるが、最大430万人の新規創出がある（Employ RES Final Reportより）。その点でたいへんありがたい産業なのであることに言及したい。

(3)エネルギーについてのまとめと提案

化石燃料の枯渇は、前記データで述べた通りに決定的である。「地球資源のサスティナビリティー」のための諸施策として、次の事項を提案したい。

・再生可能エネルギーの買取制度をテコにして再生可能エネルギーの生産増、普及を図る（日本は遅行している）――特に太陽光、風力、バイオマス（第二世代）、洋上――。再生可能エネルギーの遅れた日本が挽回する方向性の一つとして海洋発電の強力な推進がある。

・省エネ、省力のための大量交通機関への回帰・移行、交通システムの抜本的見直し――公共交通（ＬＲＴの活用）、カーシェアリング（電気自動車は適性大）、市内カーの禁止、自転車社会の実現がある。自転車の見直し（特に都市中心部でのメイジャーに）、パークアンドライドの一層の推進、そのための自転車道路の一層の普及が必要である。

・さらなる省エネ型機器への移行（ただし、十分な使用の後の切り換え）――それに先だって暖房・冷房の使用削減、湯水使用の節減、家電使用の節減。

・スマートグリッドの仕組みにより省エネ・省力を図る――双方送電、蓄電の改革・改善、ＩＴ管理・マネジメント。
・ノルウェー、デンマーク、オーストラリアのガソリン価格は日本の１・５倍である。これらの諸国では２０００年前後に地球環境税を導入している。日本も地球環境税を導入・引き上げる。
・自動車取得税、保有税、自動車重量税を引き上げる――エコカー、軽自動車には相対的な優遇税を課す（自民税調は引き上げを検討中）。２０１５年10月の消費税10％の実施時に取得税の廃止が検討されている（政府の政策は逆行）。
・新築住宅の断熱強化型――次世代省エネ基準を満たすもの。
・３Ｒの活動などにより、省エネ、省力に努める――特にReduceで廃棄量を減らすとともに、エネルギーの使用の削減を日本を含む先進国の共通の課題とする。中でもアメリカと日本に大きな問題がある。
・国連などによるエネルギー消費の削減・省力化の抜本的対策が、グローバルコモンズの在り方として進められる必要がある。

第５節　金属資源の不足

(1)エネルギーに劣らずその枯渇が懸念される金属資源について

金属資源の枯渇の状況を次に見てみよう（表１-５-９）。

多くの金属が、累積金属使用量よりの判断から２０５０年までに現有の埋蔵量では使用量を賄い切れなくなる。すなわち、地球環境の持続性の点からは金属についても大きな問題を孕んでいるといい得るのである。

ここで都市鉱山（Urban Mine）にも着眼する必要がある。すなわち、使用済みの機器（自動車、電気機器など）の使用部品を回収して、リサイクル、再使用することでヴァージン金属・資源の使用を減らすこと――都市鉱山の活用――は、「地球資源の持続性」に通じることである。

事例的には乗用車では、鉄55％、特殊鋼15％、アルミニウム６％、その他24％である。また、新幹線車両では、鉄51％、アルミニウム29％、銅９％、その他11％が、再資源として利用可能である（回収品の資源化率）。

使用済製品の回収率は、デスクトップＰＣ76・１％、ノートＰＣ55・６％、液晶表示装置

表1-5-9　金属の埋蔵量

	鉄鉱石	銅鉱石	銀	金	チタン	クロム
可採年数	70年	35年	19年	20年	128年	15～123年
資源量	160十億t	540百万t	400千t	47,000t	730,000千t	350百万t
生産量	2.3十億t	15.8百万t	21.4千t	2,350t	5,720千t	23百万t

	コバルト	ニッケル	インジウム	天然ガス	石油	石炭
可採年数	106年	50年	18年	63年	46年	119年
資源量	6,600千t	71,000千t	11,000t	187,49十億m^3	1,333十億バレル	826,000百万t
生産量	62千t	1,430千t	600t	2,990十億m^3	29十億バレル	6,940百万t

出所：US Geological Survey　環境省２０１０より

69・8％、ブラウン管式表示装置74・8％であり、金属の回収資源化は進み始めている。

いずれにしても、多くの金属の採掘可能期限が極めて身近に来ていて、金属資源が取り尽くされる時が来る。すなわち、地質年代的にたいへん長い時間をかけて、原生代（25億年前）、古生代（3・5億年前）、中生代（1億年前）、新生代にわたって、マグマの作用、造山運動などで生成してきた鉱石・金属資源を、およそ19世紀末葉―20世紀―21世紀初頭の約１５０年間という短時間の間に使用しつくしつつあることは現代人の傲慢さであり、それは大きな問題である。そしてそれらの再生が不可能であるとの「地球資源の持続性」上の難題が身近に迫っているのである。

そして、エネルギー・金属を合わせての資源枯渇の問題を、真剣に考えない推論・議論は極めて楽観的であって、近時のモータリゼーション志向による一層の交通の普及、一層の工業・産業化により（特に発展途上国・中進国の）、その枯渇問題は危機的なのである。したがってエネルギー、そして金属資源の使用・消費の抑え込み・削減は、他に対策がないに近いほど必須の方法なのである。

(2)金属資源のまとめと提案

ここまでを集約すると、グローバル社会として「地球資源の持続性」のための諸施策は次のようになる。

・３Rを進めること――不要な消費をやめ、消費のための生産資源の使用量を減らす。特に金属資源には自然界からの再現性はないので、リサイクルはたいへん重要である。
・都市鉱山の一層の開発――金属資源の再生（回収分別処理）が、特に日本で重要である。
・日本として――不足金属のレアアースを産する小笠原諸島・南鳥島、周辺公海の開発（陸上鉱床の３～４倍）。
・大量生産・消費・廃棄に基礎を置いた経済そのものの見直しが必要となっている（アメリカ、日本、中進成長国）

第6章

地球3R
――「地球社会の持続性」のための
リデュース、リサイクル、リユースによる対応――

第1節　新しい3Rの重要性

家庭からはほとんど毎日のようにゴミが排出される。その度ごとに分別に頭を悩ましている方々には、心底よりご苦労なことと思いを寄せており、そして、その分別品（生ゴミ、びん・缶、ペットボトル、プラスチック系、金属系、不燃ゴミ、資源回収用電子小器具、特別回収大型ものなど）ごとに市の回収車が忙しく働いていることにも敬意を表さずにはいられない。

そしてまた、県、市の広報、掲示板を見ると、廃棄、リサイクル（環境問題）の活動について、年配者から小学生までの世代に対しての講習、集会、研修、ボランティア活動の日程の案内がいずれの市・県でも必ず2～3件掲げられており、3R（Reduce,Recycle,Reuse：リデュース、リサイクル、リユース）活動が行われているとの印象を強く受ける。

その結果がこの章に示されている数字にそれなりの成果として見てとれるが、しかし問題はその程度の活動でよいのであろうか？　地球環境の持続性が危機に瀕しており、それに対する有効な手段が3Rなのであるが、リデュース（Reduce）が廃棄ゴミのみのそれに留まっていてよいのであろうか？　今や（Recyclingも大切だが）Recycling Society から Sustainable Society への転換の時なのである。すなわち、地球社会の持続性（サスティナビリティ）を進め、それが広く、また、未来世代のためにも担保されるべきときに来ているのである。

まず、持続可能な社会を構築するためには物質的豊かさではなく、循環型社会のもとでのライフスタイルに転換する必要があり、すなわち人間がとるべき有効な策としてリデュース、リサイクル、リユースの3Rを推し進めなければならないのである。しかも、それも後段で述べるように従来型の3R――排出ゴミの削減型――に留まらず、新時代の、あるいは拡大した3R（資源とともに製品・物の消費・使用の削減型）に切り換えることが必要となっている。なぜなら、人類は存亡の危機に立ち至っているのである。

もちろん社会的基盤としての適正な自由競争と正常な（フェアーな）資本主義を前提としつつ、過度な贅沢、モノ・資源の浪費・汚染化などを止めつつ、その一方で、楽しみ、愛、勤労、生活の充実などの生きている幸せを前提とするのである。

循環型社会としては、「自然生態系の循環」——炭素、酸素、窒素、水、空気などと、自然の植・動物、そして生物全般の生粋の循環——を対象とする場合と、一方、それらが産業・経済・社会において加工・利用され、そして「再使用」、「再生使用」「資源の循環利用」、すなわち「経済・社会における物質循環」の場合があるが、前者と後者はともに存在しているといい得よう。それゆえ、循環型という時、それは自然のみならず、経済・社会・人間生活全体をも含む（両方を）地球環境の循環を意味すると考えてよいのである。

そして、従来型のエネルギー（主として石油、石炭、ガスなどの化石燃料）は、事実上再生不能であり、この部分の循環化は本来的に不可能であり、それゆえ、生態系・経済・社会の物質循環において、すなわち3Rの諸活動を活かして環境型社会を構築する必要があるのである。紙面の都合で、多くは記述できないが、人類は「地球環境・資源の危機」をまさに四面楚歌に受けているのである。

まず現在の3Rを見てみよう。

3Rとは、リデュース（Reduce：従来はゴミを減らす。筆者の定義はゴミのみでなく消費も減らす）、リユース（Reuse：繰り返し使用する）、リサイクル（Recycle：再生使用する）であり、そのコンセプト、活動が日本では２０００年頃より、またＥＵでは１９９４年より始まっている。それらの活動を通して地球環境問題に対応しようとすることである。

リサイクルの効用は、事例的にいえば、鉄鉱石から製錬して鉄を得るよりも自動車から鉄を得るほうが、その過程で使われるエネルギーが少なくてすむし、プラスチックでもペット（ＰＥＴ：ポリエチレンテレフタレート）ボトルでは石油原料から作るよりもペットボトルを循環使用したほうがエネルギーが少なくてすむし、紙も木から作るよりも古紙から再生紙を作るほうに軍配が上がる。すなわち、人工物が飽和した社会では、資源は人間界の中で循環するようになるのが望ましい姿である。

日常生活に近い事例では古新聞、雑誌、牛乳パックなどの古紙回収率は70％に近く、古紙は製紙工場に戻され、異物やゴミ、インクが取り除かれ漂白されて再生紙となるが、紙全体に占める再生紙の割合は60％を大きく超えているといわれている。スチール缶、アルミ缶もそれぞれ鋼材、アルミ地金に再生されて、金属製品に再使用され、ペットボトルはポリエステル材として、新たに繊維やフィルム・プラスチック製品として再使用される。そしてこれらの前段に分別が適切に行われる必要があるのである。

リユースは、一度使用して不要になったものをもう一度使用することで、家庭では古くから子ども用品のお下がり、親子の間・近所の子との間のお譲り（衣服、道具、おもちゃ）があった。そこには互譲の精神を垣間見ることができる。そして、生産者・販売者が、消費者・購入者との間で古くなった製品、容器などを回収して修理・洗浄して再使用する場合に見られるが、古くは酒びん、牛乳びんの回収使用で行われており、近年はバザー、フリーマーケット、中古品ショップなどで再利用・使用も新しい形態として広まりつつある。それに近い形態として、ドイツなどの欧州でもワンウェイ容器を抑制するため、繰り返し使われるボトルにデポジットをのせ、販売店に容器を戻した段階でそのデポジットをリファンドする制度が普及していて、リユースのシステムが普及している。

リデュースとしては、前述以外に、ゴミになるものの購入を減らすために過剰包装を断わったり、また買い物にマイバッグを使ったりすることによって、ゴミの発生をリデュースする。また、修理ができる製品を買う――修理用の部品が長く保存されていることも条件となる――、使い捨て商品や製品寿命の短いものは買わない、不要なものは買わない、そして、できるだけものを買わない――これが、究極的にはこれからのリデュースの支柱となるべきものである――、すなわち、近年の使い捨てや物量・贅沢な習慣・文化を改めるなどである。

第2節　日本における3Rの展開とその推移

日本では、2000年に循環型社会形成推進基本法によって3Rの考え方が政治的にも政策として導入され、それ以来、その理念を広く市民や企業に浸透させるべく、政府、自治体、市民団体でさまざまなキャンペーンを行っている。政府の方針はリデュース（ゴミの発生を減らす）、リサイクル（再資源化して再利用する）、リユース（繰り返し使う）とともに、サーマルリサイクル（熱回収）と、適正順位による廃棄物処理を内容とするものである。地球環境のサステイナビリティーのための第一歩としては、その実施は徐々によい影響を引き起こしているが、後に述べるようにこれでは不十分なのである。

自治体が最も力を入れているゴミの減量・3Rの課題では、市民・消費者の対応も進み始めている。下記のような国の法令以外に自治体も条例も制定し、市民もそれなりに協力して、その活動はある程度成果が上がりつつある。

2001年施行（2000年公布）の環境型社会基本法（3R）、また、同年に食品リサイクル法、建築リサイクル法、廃棄物処理法の改正、資源有効利用促進法、グリーン購入法、容器包装リサイクル法（2000年施行、2006年改正）、レジ袋削減の義務化（200

７年４月実施）が行われた。さらに、２００１年に家電リサイクル法の完全施行、２００５年１月には自動車リサイクル法がスタートした。

これまで進めてきている３Ｒの活動は、それなりに成果に結びついている部分があり、その数値を次に紹介したい。しかし、「地球環境・社会の持続性」の点からいえば、この活動の仕方では、残念ながらまったく不十分なのである。

ここで廃棄物とその処理の数値の最新のデータを、断片的ではあるが、３Ｒの現状を推測できるものとして記載しておく。

表1-6-1　一般廃棄物の処理の現状

（単位：千トン）

	ゴミ総排出量	集団回収量	直接資源化量	中間処理後再生利用量	リサイクル率（%）
平成19年	50,816	3,049	2,635	4,620	20.3
20年	48,106	2,926	2,341	4,509	20.3
21年	46,252	2,792	2,238	4,472	20.5
22年	45,359	2,729	2,170	4,547	20.8

・ゴミの総排出量は逓減しているが、リサイクル率は横ばいである。

表1-6-2　産業廃棄物の処理の現状

（単位：千トン）

	総排出量	再生利用量	減量化量	最終処分量
平成18年	418,497	214,772	181,926	21,799
19年	419,425	218,811	180,471	20,143
20年	403,661	216,507	170,453	16,701
21年	389,746	206,712	169,443	13,591

・産業廃棄物の総排出量は漸減している。不景気による事業活動の不活発化の影響もあろうか。再生利用量も逓減している（53.04%）。

図1-6-1　直近の廃棄物の処理

（単位：万トン）

一般廃棄物-総排出量　4,539、ゴミ資源化量　930（20.5%）
平成23年度　減量化量　3,127
最終処分利用　482
産業廃棄物-総排出量　38,599、再生利用量 20,473（53.0%）
平成22年度　減量化量　16,700
最終処分量　1,426

第3節　国際社会における3Rとそれに関わる取り決め、および3Rの実態

ＥＵにおいては１９９４年12月に３Ｒの関連施策として、容器包装指令を出して口火を切っている。それに続き、２０００年10月に自動車リサイクル指令、２００１年６月に容器包装指令実施、２００３年２月に電気電子機器リサイクル指令（ＷＥＥＥ）、２００４年12月に容器包装指令改正に引き続き発令・実施して、環境保全に積極的である。特に２００７年以降、すべての使用済み自動車はメーカーが無償で引き取らなければならなくなっているのはたいへん進歩的である。

また、ＯＥＣＤでも２００４年に、「物質フローと資源生産性に関する理事会勧告」を採択し、加盟国に資源の効率的利用を促し、また２００８年にはＯＥＣＤとＵＮＥＰ（国連環境計画）との共催で国際会議をパリで開催し、世界的に共通の認識が図られ、「資源生産性に関する理事会勧告」を採択している。

国際的取り決めとして世界的な広がりを持ったイニシアティヴとして、２００４年６月のＧ８シーアイランドサミット「３Ｒ行動計画」が採択されている。その内容は、以下の通り

である。

・経済的に実行可能な限り、廃棄物の発生を抑制し（Reduce）、資源および製品を再使用し（Reuse）、再生利用する（Recycle）。
・これらの材・物の流通に対する障壁を低減する。
・これらの活動のため、関係中央政府、地方政府、民間団体などによる協力を奨励する。
・3Rに適した科学技術を開発・推進する。
・能力啓発、再生・利用事業の実施などの分野で、途上国と協力する。

2006年7月のG8サンクトペテルブルクサミットにおいて、3Rイニシアティヴは資源のより効率的な使用の促進を通じてエネルギー効率の向上に資するものであるとの考え方にもとづき、「世界のエネルギー安全保障・行動計画」の中に「資源生産性を考慮し、適切な目標を設定する」ことが盛り込まれた。そして、全体的な資源循環への取り組みの一部として、3Rイニシアティヴ（Reduce,Reuse,Recycle）の目標を設定して、各国のおよび国際的な努力を通じて、エネルギー効率および環境保護の重要性の認識を高めることと合意した。

また、2008年5月、G8北海道洞爺湖サミットに先立って行われたG8環境大臣会合で、3Rを推進するための「神戸3R行動計画」が採用され、それをもとに同年7月G8北海道洞爺湖サミットの環境・気候変動の首脳宣言の中で「神戸3R行動計画」が支持され、3Rは国際的にも極めて重要な政策であると、代表的な国々において位置づけられている。「神戸3R行動計画」では、国際的な環境社会の構築とともに、開発途上国の能力開発に向けた連携もうたわれている。

そして、このように国際社会においても、枯渇が危惧され始めているエネルギーを含む資源について、資源のフロー・循環の重要性は広く、また強く認識されているのである。

発展途上国（アジアの）についての状況は次の通りである。中進国では環境保全の対応がようやく始まったところで、今後の一層の推進が望まれる。

・**韓国**　2008年1月、電気電子廃棄物や使用済自動車のリサイクル法施行。2008年、資源リサイクル基本計画を策定。

・**中国**　2009年1月、環境経済促進法を施行。2009年6月、日中環境大臣間で「環境にやさしい都市」覚書締結。

・**インドネシア**　2008年5月、廃棄物管理法成立。

・**ベトナム**　2009年12月、（環境）国家戦略が策定。

・**シンガポール**　2010年7月、環境政務官CEO間の基本合意書署名。

表1-6-3　世界の廃棄物量

（単位：総量は千トン、１人あたりはkg／年）

	総量-1995	総量-2005	１人当たり -1995	１人当たり -2005
アメリカ	191,746	222,863	730	750
イギリス	28,900	35,077	490	580
イタリア	25,780	31,677	450	540
スイス	4253	4,855	600	650
ドイツ	43,486	49,563	540	600
フランス	29,117	33,963	490	540
フィンランド	2,100	2,450	870	470
ベルギー	5,,014	4,847	490	460
日本	50694	51,607	400	400

・廃棄物は減っていない、使用・消費の物量の削減がないことを示しているのであろう。
・特に問題なのはアメリカで、総量、１人当たりとも大きい。
・総量で改善しているのはベルギーのみ。
・１人当たりで改善している国は、フィンランド、ベルギー。
・日本は少なめであるが、改善は見られない。

表1-6-4　各国の産業廃棄物を含む廃棄物の量

（単位：万トン）

	年度	一般廃棄物	廃棄物合計（産廃を含む）
アメリカ	2005	22,286	—
日本	2009	4,625	43,600
フィンランド	2004	237	6,579
ノルウェー	2005	184	979
スエーデン	2004	417	10,571
デンマーク	2005	334	1,421

・アメリカは日本に比べて人口比2.25倍、廃棄物量比4.1倍（１人当たり実比1.82倍）と成績は最悪。
・一方、北欧諸国は、人口は少ないがそれを考慮しても進んでいる。

有害廃棄物対策、資源回収を含めて、3Rの対策は開発途上国でも、先進国と同様に、あるいは遅れやすい条件があるために、それ以上に対応を迫られており、上記のような各国の姿勢、対策に成果を期待したい。都市部のゴミの収集率を上げ、環境に支障のない処分場を整備することが急務である。そして3Rの結果、都市の衛生・環境・廃棄問題に役立つとともに、廃棄物からの天然資源の回収は外貨の乏しい途上国にとって特効薬にもなし得るのである。

世界各国の廃棄物の総量と1人当たりの量（一般廃棄物）と、海外諸国の産業廃棄物を含む廃棄物の量は、それぞれ表1-6-3、表1-6-4の通りである。

なお、再資源の有効利用は新資源の節約に有効であり（中国、韓国、インドにおける再資源の輸入は大量）、地球環境保全の点からも諸国間で活かすべきである。

第４節　３Ｒの本来の在り方──改革すべき思想と重要なその実践

地球環境・資源の循環が難しくなっており、そのサステイナビリティーが困難となるに及んで、３Ｒの履行が必須となってきていた。

生態系の考えに立てば、物質は元来循環していた。これまでの人間社会では不要物は単純に破棄され、そしてそれは自然の浄化作用、循環システムに任せられていた。人間の活動量があまり大きくない間は、それでも何とかなったのである。しかし、産業革命（１７６５年のワットの蒸気機関の発明）に端を発し、そして油田の発掘（１８５９年）以降、特に近年、大量生産・消費（大量廃棄）の（退廃的）文化が、生活・社会にはびこるに至り、それが地球環境を圧迫するようになり、その結果、人間の知恵によってサステイナブル社会を引き寄せることが必要となったのである。

ここまで見てきたようなＥＵや日本のリサイクル制度は、企業においては、基本的にはＥＰＲ（Extended Producer's Responsibility：拡大生産者責任）の考え方のもとに構築されているという点では共通であり、使用済み製品の引き取り、リサイクル施設への運搬、資源再生行為などを関係企業に求めている点でも同様である。

そしてＬＯＨＡＳ（Lifestyles of Health and Sustainability）の正しい理解は、人も地球もヘルシー（Healthy）でサステイナブル（Sustainable）になれるとの思想で、この現代社会で実践されることがたいへん望まれる生活スタイルである。また、医学、社会学の世界で、あるべき姿として最近特に強調されているＨＱＬ（High Quality of Life：質のよい生活）にも、密接に通じる（共通項がある）ものであり、そのいずれもが建設的方向で社会・生活に導入・実行されるべきなのである。

そして、社会的、経済的システムとしては、大量生産、大量消費、大量廃棄の生活習慣（アメリカ文化に見られる）と袂を分かって、省資源・省力の生活文化を指向する、そのためには政府による適切な啓蒙、ＰＲが必要である。市民は消費、使用においても倹しく、また省エネ品への移行を行うことも、そして、これまでの環境問題全般の社会の理解、行政・政策においては、前記のようにややもすると「資源リサイクル社会」（Recycling Society）によって表現しつつ廃棄物を減らし、使えるものは再び利用し、それができないものは資源として再使用するとの、環境美化、モノのリサイクル型であったが（それも大切であるが）、しかし、今や地球に対する荷重な負担と、それに対しての人間、社会としての正しい理解と認識を視野に、現代のみならず後世代をも対象とした地球環境的認識で「持続可能な地球社会」（Sustainable Society）の表現でのとらえ方に対応を切り換えることが正しいと考えられるようになっているのである。いわゆるRecycling SocietyからSustainable Societyへの転換である。

これは換言すれば、直接的な、決められた範囲でのRecycle社会ではなく、今やもっと広く、地球環境・社会――すなわち、人類の共有資産――、グローバルコモンズを対象としての概念であり、人も国もそれを守るべき、すなわち持続可能となるべきSustainable社会であるべきなのである。

そして今や、以上のように重大な「持続可能な地球環境・社会」への質的転換・改革をいよいよ行わなければならないほど、人間は地球に、そして生存社会に大きすぎる負荷をかけているのである。すなわち、3Rの中でのリデュースについては、単に廃棄物・ゴミの削減が基本政策でも実務においてもその対象となってきているが、それだけでは地球環境・資源のサステナビリティーが保障できないのである。もちろん、廃棄物・ゴミの削減は、身近な環境作りには役立つが、新たな資源の投入を減らすことに極めてわずかな効果しか期待できなく、根っこにある消費を削減することにしか地球サステイナビリティーのための本質的解決はないのである。

無論、この章の冒頭に触れたように、適正な自由競争と正常な（フェアーな）資本主義を前提として、モノ・資源の消費・使用を削減しつつ、その一方で、楽しみ、愛、勤労、生活の充実などの生きている幸せを前提とすればよいのである。

あらゆる天然資源――エネルギーを含む――の消費を抑制し、地球環境への負荷をできるだけ低減する社会にしなければならず、さもないと次世代以降に人の生存し得る地球を担保し得なくなってしまう。すなわち、「持続可能な循環型社会」で、さらに特に消費の徹底した削減（Reduce）を最上位に置いた改革的な「持続可能な地球環境・社会」（Sustainable Society）でなければならないのである。

そしてSustainable Societyを進めながら、また進めるためにも、後に述べるようなGGHの評価指標を、終章で提案する。

第5節　まとめと提言

この節をまとめると、以下のようになろう。

・3Rこそ、地球の「地球環境・地球社会の持続性」にとって最善の策であり、他にほとんど策がないことを認識し、また認識させること。

・従来からの廃棄物削減・リサイクルを平行してしっかりと行うこと。そのために、リサイクルを可能にする社会システムを整えること——回収しやすいシステム（引き取り・引き渡し・業者によるリサイクル業務など）——。いまだ国により——アメリカ、中進国など。また、日本もそうである——、地域によりこの点の考慮が必要。

・リサイクルしやすい製品・サービスの設計——素材・中間製品——、製品——低公害、廃棄物低排出——、そして回収資材を効率的に活用すること。

・生ゴミの資源化——水素ガスを製造して燃料電池に使う。メタンガスを取り出し発電に使用する。また、生ゴミから、生分解性プラスチックを製造するなど。

・排泄物処理のためのコンポスト型トイレ——発酵乾燥により臭いもなくなり腐植質と

なって肥料ともなる。一挙両得の環境浄化具である。

・「地球サスティナビリティー」の維持のために、リデュースでは、消費・使用を削減（リデュース）すること。その意識づけとして、単に廃棄物の削減に留まらずに、消費・使用の削減まで図ること。また、日本では、アメリカをフォローしての使い捨て文化が定着してきたが、これを改めること（日本とともに他国も）。

・補助金、優遇税制――排出課徴金、最終処分課徴金を経済政策的に課する。デンマークでのガソリン税は、なんと170％の税率で、公共交通機関、自転車の普及――あの風の強い、冬季の寒い国で――を図っている。

・そして、「人類存亡の危機」（Sustainability）の認識を、特に経済団体にも知らせしめること。

第II編

今の人類は、この危機をどのように理解しているか

――GDPは危機を加速させる――

鈴木　啓允

第1章 いかにしてサステイナビリティーを得るか

第1節　人類のサステイナビリティーをいかに実現するか

第Ⅱ編の目的は、人類のサステイナビリティーを、いかにして実現するかということである。サステイナビリティーの危機の現状と対応は、第Ⅰ編にもたくさん述べられており、環境問題の解決を目指すことは急務であるが、それだけでは足りない。さらなる対応、対策を述べれば、人類の永続的な社会改革も欠かせないのである。この本では、そのような社会的なサステイナビリティーに対する対策にまで議論を広げよう。

社会が革命に見舞われる時、革命はその背景に「さまざまな問題が同時に解決を迫ってくる」多くの難題を抱えている。二度の世界大戦を通して日本国の指導者は、その多くが敗戦の指導者として裁かれ、政治家や軍人はこれまでの世界観・思想の転換を求められた。同じように環境問題は、これまでの常識をまったく変えることなくしては、この危機を乗り越えることはできない。

人類のサステイナビリティーを実現するために、問題となる大きな事柄は、以下の5つがある。

・地球号は閉じられた空間である。
・地球号のキャパシティーはどれだけあるのか。
・人類の問題解決のカギは平和であり、それなくしては実現不可能。
・人類存続のカギはグローバルコモンズの賢明な利用。
・人類の幸福とは何か…

この5つは、どれ一つとってみても、簡単に答えを出すことは難しいものばかりである。この難問に怯むことなくサステイナビリティーを得るために正しい解決法と手段を持ち、現在のメス——国や国民を計る指標＝GDPなどの経済指標——に勝る道具として、環境問題の本質を見極め、個々の問題解決の方法と手段を組み立てる。

サステイナビリティーという、人類にとって最重要な課題に対しても、本格的な解や解決手段を見いだすために、現在のメス（解析のための指標）に勝る道具として、まず、GDPという経済指標の性能を問いただし、新しい価値観にもとづいたサステイナビリティーの向上に向けて、正しい対策を模索し提言する。そして第Ⅱ編は、新しい指標GGH（終章にて詳述）を念頭において、我々が主張する現状の認識をもとに、さらなるサステイナビリティーの向上を目指す。

日本中にも、世界にも、ありとあらゆるタイプの事件が起きる。紛争も、内戦も暴動も、小競り合いから戦争に近いものまである。自爆テロなど、どこでいつ襲われるかを考えると、日常生活も安心して送れないことになる。

ましてや、戦争を含む暴力行為によって地球環境と資源が消費・乱用される量は、平和時の消費レベルとはまったく比較にならない消費量となることは、誰もが知っている。

時代の反映といえば、今盛んに進行が速くなっている社会のグローバル化の影響が挙げられる。真のグローバル化がどのようなものなのかを定義することは難しいが、表面的には世界がさまざまな垣根を越えて、市場が同じルールによって形成され、あたかも一つの市場であるかの如く動くようになってきている。このことが、悪しきグローバル化の結果としてさまざまなところで大きな格差を作り出し、負け組の悔しさは根深く、その格差の拡大が、国の内外で不安定的な状況を作っている。テロの破壊の足跡を見ると、この破壊の連鎖がサステイナブルな行為に形を変えるとは到底考えられない。

もう一つは，ＩＴの革命的な発達の結果作り上げられた高度情報化社会の到来で、これまでは手に入れることが極めて難しかったいろいろな情報を、瞬時に人々が手に入れられるようになった。このことの影響は、完全には解明されてはいないが、大きな影響力があることは間違いない。

社会のグローバル化とＩＴによる情報伝達の簡便化・高速化、この2つの事実には、大きな関心を持ち続けなくてはならない。もちろんこの2つは切っても切れない強い関係で繋がっている。このキーワードを好ましい関係に落ち着かせるために、この第Ⅱ編では世界連邦の可能性も探る。

サステイナビリティーの解決のためにはあらかじめ目標を定義づけておく必要がある。地球号の内部で行われているさまざまな問題点を正しく理解することが大事である。

第2章

環境問題のとらえ方
―環境時代から環境新時代へ―

第1節　人類社会の自殺行為　―戦争・テロ・殺人―

自然と人間とをうまく調和させ両者の関係を大きく変えて、人類が自然の中で心から休める関係にすべきである。自然との調和なくして、サステイナビリティーは夢のまた夢である。すべての課題を解決する際、正しく分析し、理解することが重要である。すべての環境問題は変化といえるが、自然現象ではなく人類によってもたらされた災害であって、地球環境問題に解決を求めるために必要なことは、人類の真剣な解決への意思と努力である。

なお、この本では、その他の——例えば、宇宙の秩序に何らかの変更が生じ、新しい対応が求められているような——問題は扱わないものとする。かつてない規模の自然災害も、ここでは省略する。そのような死にゆく運命に翻弄されるというような問題とは切り離して議論を進めていくことになる。しかし、このように、災害には根本的に2種類の災害があり、その観点からすると、戦争はまさしく、人類の最大の愚行で環境悪化への自殺行為に他ならない。テロ行為も戦争と何の違いもなく、むしろ出口が見えないだけ、環境を破壊する最高レベルの愚行である。

２００１年９月11日は人類の自殺行為のニュースであふれていた。同時に、犠牲者の中に日本人が大勢いたことを聞いて、グローバル化、国際化が思ったより進行している様子がわかった。イラク戦争以降、９・11同時多発テロ以外でも多くのテロ行為が発生した。その後、テロ対策は世界的に強化された。９・11後もテロは一向に収まらず、その紛争地域に平和はまだ訪れてはいない。これは、力による抑え込みはあまり有効ではないことを示している。

そして、テロ行為はどこの国の誰が標的になるかわからない。場合によっては見当違いの自爆テロも発生し、そのためテロ対策は過剰警備を生んで、生活を自由に楽しむこともままならなくなる。この暴力の連鎖はさまざまな問題から発生しており、テロ撲滅はけっして簡単なことではない。そして、戦争から単なる小競り合いまで、すべての争い事は、世界中でとられているテロの防止努力にはたいへんなエネルギーが必要で、このことは後にＰＴＳＤ（障害後ストレス障害）といわれる難病が、戦地に行って帰った若者に広がり、多くの戦士たちを悩ましている。戦争は自衛という名目であろうが、報復という名目であろうが、たいへんな状況に双方とも陥れられる。どんな理由でも連鎖し伝搬するが、９・11のＷＴＣの遺族の中から報復の連鎖を起こしていては、平和の訪れが見えてこないと、報復の連鎖を断ち切る運動を始めたグループができた。世界を見れば、同じ民族の内部で殺し合いをしたケースもあり、人類の浅はかさを見せられていると感じる。

日本という国は、戦争にはなっていないが、殺人事件が多発する国で、自殺者が多い国である。やはり社会に問題ありと考えざるを得ない。ましてや、殺人の犠牲者の中には、半分に近い人は身内間のトラブルで、尊属殺人の犠牲者も含まれている。昔は、身内を殺すような殺人は少なかった。もう、かなり昔のことになったが、尊属殺人事件などは珍しい事件であって、当時は報道も大きくとり上げた。最後のセイフティーネットであるはずの家族が、家庭崩壊の流れでセイフティーネットにならなくなった。この身内が相争って殺し合う構図は、異常な行動として、すべての人が受け入れ不可能と思うであろう。

第2節　環境時代と環境新時代

本章のサブタイトルで、環境時代と環境新時代とを掲げ、その間には大きな認識の違いがあることを示したが、環境問題の場合、現在の環境に対する環境悪化の進行が問題になるのみで、それも現在生活を営んでいる人々の考えに対応するものに限定される。

しかし、環境「新」時代のほうは、人類の生存が環境問題だけ解決すれば目的に沿うことができる時代ではなく、人類の生活を抜本的に変えないと人類によるサステイナビリティーの向上はないという認識を含んでいる。サステイナブルな社会の実現など望むべくもない。今日現在の豊かさの維持――特にモノの豊かさ――にこだわると、同じGDPに対して資源の枯渇、生態系の変化、人口の増大、環境の悪化等々の問題に当たらなければならない。人類の生活の抜本的見直しを視野に入れて、地球環境に対して正しい対応ができるように、至急に対応策を入手しなければ、いずれ大きな軌道修正が必要とされよう。

GDPは、なぜ環境新時代の指標たり得ないのだろうか。その中身が問題なのである。人類の求めるものは、現時点でのサステイナビリティーの確保であり、GDPを指標とした考え方においては、場合によっては移行期間として「我慢」の日々を覚悟しなければならなくなる。現在の状況は、スタートラインとしては、過去の悪条件の回復・改善措置が、先立って必要かもしれない。数歩遅れのスタートである。

第Ⅱ編の目的は、人類がこの地球上に永く住むのに必要なサステイナビリティーを高める方法を得ることである。そして、自爆テロ、紛争その他、社会の仕組みに大きな原因のある課題への取り組みに成功する必要がある。それには悪魔の連鎖を断ち切らねばならない。同時多発テロの遺族の中から、報復の連鎖、悪魔の連鎖を断ち切ろうという運動が彷彿として湧き上がってきた（Peaceful Tomorrowという）ことはさきに述べたが、大多数の人々からは厳しい目で見られている。アメリカも自国の力が、単独で世界の警察官の役割を担えないという焦りがあり、盛んに集団的自衛権という協調者、同盟軍の形をとり始めている。アメリカも変わりつつある。テロとの戦いでは、あの輝いていた時代のアメリカの誇りはどうなっているかということが気になってしまった。国家間レベルの戦争に対するより、テロのほうが対応が難しいことは理解できるが、アメリカの弱体化は、しばらくの間、不安定要素になると覚悟しなければならない。一日でも早くアメリカに代わる新しいルールの構築に成功する必要がある。本稿では、環境問題への取り組みの姿勢として、新しい指標を持つべきと考えて、ＧＧＨなるものを検討材料として提言している。

第3節　価値観の転換　――国家から地球市民へ――

いずれ訪れる宇宙の根本的変動が、地球の運命を根本から変え、生活の基盤が失われる。その時に至るまでに、資源、環境との理想的な共存関係を手に入れておかなければならない。相変わらずの物質的な豊かさを目指し、子孫繁栄といっても、頭の中にあるのは物質的豊かさの相も変わらぬ価値観では、すぐに行き詰まる。

経済指標は相変わらずGDPであり、この指標は消費の拡大を良としているが、新しい指標のキーワードはいかにして消費を抑えるかである。例えば、食品の廃棄は日本だけで年に1800万トンで、その約半分が一般家庭から出るものであり、一つの中位の国の総使用量と同じであるという。

金持ちの国に生まれた新生児は、命の危険からは最低限守られている。健康に育つと思っているが、人ひとりを完成させるのにどれだけの手がかかるかも知らないで、子どもを産み捨てにする親がいる。その子どもの未来のために、どれだけの天然資源の消費がなされるかまったく意識していない。すべて「ミーファースト」、「ナウファースト」――自分とただ今現在が最優先――で資源の枯渇など他人事のようである。採算が合えば、（金銭的に）資源を売り自然は壊れる。後々の子孫に残さなければ資源の枯渇が起きてしまうことには配慮しない。

そして、すべてのモノは人類だけのコモンズであると考えている。人も他の生物も少しずつ譲歩して生存を図る必要がある。他の生物をないがしろにして人間だけが生存し続けることは不可能である。人類も他の生物も、あらゆる生物種の目標は、究極的には、子孫を残すということである。いかに、その生態が変わっていても基本は種の生存である。人はなぜ死ぬのか。それは常に新しい変化に対応できるように環境に適応する子孫を残すことを試みているからである。人はある年月を生きると、老化の結果死ぬ。バトンタッチは命の連鎖を意味し、世代を繋げていく。そして、全ての生物が同様なのである。

第4節　問題の解決のために　――国益から「人類益」に――

人類は一つになって問題の解決に当たる必要があり、環境問題の解決には一刻の猶予もなく、ただちに行動を開始する必要がある。その時、各自は地球問題（貧困、紛争、テロ、生態系の変化、資源の枯渇など）の解決のためには、現在の所属――現在の所属国家――の立場から離れて、一地球市民としての問題解決を考える必要がある。ここでは国益のことを考えてはいけない。人類全体のことを常に考えていなければ、この問題の解決は永遠に成果を上げることはない。「国益論は百害あって一利あり」と述べることにする。その「一利」とは地域文化の多様性のことであり、地球全体の問題としてたいへん重要である。この問題は地球の環境問題であり、地球全体で調和のとれた解決法を見いだす必要がある。この問題の永遠のテーマは、自由、平等、博愛であるが、現在その中で、「博愛」という、最も難しい「博愛」の精神に従うルールを作る必要があるということである。真の環境問題のためには、地球市民のあらゆる生物の間で有効な棲み分けが実現することが大事である。移動手段の発達やＩＴによる情報伝達の高速化により、今や地球市民という感覚だけは少しずつ育っている。

環境時代と環境新時代の違いを見ていく。「環境時代」は、温暖化その他、環境問題のみを論ずる。第I編でも地球環境の危機として記述しているが、「環境新時代」は、環境問題を解決しながら、一方で地球全体の安定した生活環境と自然との在り方を考える必要がある。経済の分野では、グローバル化は大きな津波のような勢いで襲来する。経済力が乏しい発展途上国の人々をひと飲みにする「格差」という津波が強いパワーを発揮して、世界地図には被害の状況がはっきりと色塗りされている。それは、貧しさと連動している。この格差を埋める新しいルールは、競争自由ではなく「博愛」の精神で――自由主義、市場第一主義でなく――ルールを作り直さなくてはならない。

博愛主義とは「宗教的またはイデオロギー的党派性を捨てて人類全体の福利増進のためにも全人類はすべて平等に、相愛すべきものであるとする主義」である（広辞苑より）。この思想を環境にもその他の生物にも適用して、人類のサステイナビリティーを高度なものに変えていく必要がある。具体的な方策を考える全環境（気象、特に温暖化。その他、改善を要する水や空気の汚染の問題など）を解決していかなければならないが、この点は、何としても複雑な方程式に挑むしかない。

しかし、環境の問題といっても、人類の生活改善が最優先の課題であろう。この問題とサステイナビリティーの向上とは二律背反の可能性が高い。人類の定員――すなわち、地球上にどれだけの人数（人口）が適当か――についての結論はこれからだ。人類の行動パターンはどうなるか、その場合に地球に起こる問題をどう乗り越えたらよいものか。地球環境の特徴をもっと調べなくてはならない。現在の認識で行動を起こすのは問題を大きくするだけという危険性もある。

正直な話、人類の愚かな行動癖（争いが多い）、新エネルギーの開発、資源配分の体制なども、過去の経験は通用しない問題ばかりである。

とてつもないほどの多くの条件を把握して、結論を出しながら新しい行動パターンを決めることになる。本編の目的は、人類のサバイバル作戦の一つで喫緊の課題であり、既に議論の時ではないにもかかわらず、行動に移す準備さえできているとはいいがたい。

そこで、以前から多くの環境問題に関わってきた国連の状況がどんな具合なのかが、気になるところである。本編の目的は、地球における人類のサステイナビリティーを、宇宙の破滅のその最後の時間まで、できる限り求めて頑張ることである。ただ今現在の、国連の動向はどうなっているのだろう。過去も現在も環境関係の担当者は国連である。

第3章

世界連邦政府の構築

――新しい道を探す――

第1節　国連の改革はなるか　――国連の本質――

国連に改革がぜひ必要であるという論がいわれて久しいが、改革は少しも動かない。それは国連誕生の時から抱えている根深い問題があるからである。例えば、安全保障理事会が機能不全に陥っている理由の大半が、常任理事国の拒否権発動とかかわっており、国連が機動的に対応できない所以である。

「国連とは何か⁉」

この質問に答えられる人は、国連が発足した経緯を知っているだろう。

国連は、そもそも第二次世界大戦の終結が見えてきた時に、このような戦争を二度と起こさないようにしようと、米英ソ3か国の首脳に中華民国が加わった4か国で世界の安定に寄与しようという、いわゆる「4人の警察官構想」に端を発するものである。

最終的には、フランスも加わって、それら5か国が常任理事国となって発足した。

国連の基本理念は、戦争に勝利した連合国が敗戦国の危険な動きを封じ込めて平和を維持していこうというもので、いうなれば戦時体制の維持が目的であった。

それをさらに明確にしているのが敵国条項である。敵国とは日本、ドイツ、イタリア、フィンランド、ハンガリー、ルーマニア、ブルガリアの計7か国で、まさに敗戦国連合である。

国連の発足時には、理想に燃えて戦争をなくし平和な世界を作るという夢の実現に向けて、スイスの都市モントルーで世界連邦運動協会とともに次のような宣言をした。

モントルー宣言

・全世界の諸国、諸民族を、全部参加させる。
・世界的に共通な問題については、各国家の主権の一部を世界連邦政府に委譲する。
・世界連邦は「国家」に対してではなく一人ひとりの「個人」を対象として、適用させる。
・各国の軍備は全廃し、世界警察軍を設置する。
・原子力は世界政府のみが所有し、管理する。
・世界連邦の経費は各国政府の拠出でなく個人から税金で賄う。

国際的な問題に対する基本理念として現状を変えていくという、この宣言の持つ理念の高さに驚かされる。私たちは、日本国民であると同時に世界市民であることを確認する。

しかし、モントルー宣言は理念としては残ったが、現実の国連（国際連合）は、戦前の国際連盟を手直ししたものとなっている。国連の評価は簡単にはできないが、モントルー宣言は以下のような指摘によって採択されなかったのである。

・当たり前の議論である。
・主権の委譲に触れている。
・運営が民主的でない。

・国家主義から個人中心に変えようとしている。
・今やっと原子力の利用の真の意味が理解できるようになった。
・個人の帰属が国家でなく、個人個人にあることをより強く打ち出している。まさに革命である。

ここでモントルー宣言をもとに、現在の国連に対しての問題を列記してみる。
・組織が大きくなって関連機関同士の統制が、スムーズにいかない。
・国連発足の時からの戦時体制の影を引きずっている。
・5か国の拒否権の行使が議論を妨げている。
・参加国の力関係が、各国の実情に必ずしも合っていない。民主的でない。
・投票権は大国も小国も1票である。財政負担も明確でない。地球上のすべての国を参加させるという理念の先行がある。
・世界のグローバル化に対応していない。グローバル化は、一方で国家の力が、国家から個人へと主導者が変わるべき力に抵抗している。モントルー宣言では個人に目が向けられていたが、具体的に変化していない。

この他にも、財務負担の在り方などさまざまな問題の指摘がある。

国連は、これ以上改革が遅れるようなら新しい組織に変えたほうがよいとまでいわれている。その声の中に、国連の創立と同じ時期に作られた個人主体の組織である世界連邦運動協会に期待するという声もある。この組織の発起人は当時のノーベル賞受賞者たちで、組織は今も生きている。日本人の発起人は湯川博士である。この協会は、国連とモントルー宣言を共有している。

今や国連は改革でなく、解体に向かっているのかもしれない。

第2節　世界連邦の構想　――世界連邦政府と世界連邦議会――

政治経済の真のグローバル化のために、どうしても実現したい政治課題と制度がある。現在の国家を最終的決定権者としていては、我田引水、自分の利益を主張するばかりで不要な摩擦も多い。現在のEUもたくさんの問題を抱えているが、最低限、いや最重要課題の戦争だけは回避している。

これから述べることは、計画がうまく進行すれば世界はこのように変わる可能性があるという希望である。最初に断っておくが、これから述べることはEUのようなブロック化がもたらしうる希望的な状態であるが、ブロック化にも欠点はある。ブロック化が実現すればすべてよしというわけではないことは当然である。目的は地球全体、人類全体の問題であり、必要に応じてブロックを越えて連携をするのは当然のことである。「博愛」は、すべてを超える。

ブロック（経済ブロック）は党派性を薄め、個人の力を引き出し、人格や人権が尊重されるようになり、職業の選択の自由についても、情報の開示の下で国家戦略の発想から距離を置いて活動できる。これによりブロック内では、生活改善の可能性、実現性が高くなる。

世界経済は、ある程度のブロックにまとめれば、さまざまなことが変化する。多くの人の生活の改善が期待される。人々は、自分に合った生活環境を選べる。雇用の改善により、失業率も低下・改善される。

このように、新しい試みを国家同士の厳しい競争にさらす時より、ブロック内での競争のほうが、無駄がなくなる。博愛の理念を生かす市場形成には、やはり近所付き合いのように、身近で顔の見えるブロック内のほうが適していると思われる。

そして、他の地域でもブロックを立ち上げ、国レベルでの利益の取り合いではない、「博愛」の精神が基本となる市場――例えば、最低値と最高値を決めて競争の限界値とするとか、一部のチョコレート産業にとり入れられているフェアー・トレードなど――を形成し、調和のとれた世界とすることが必要である。世界連邦政府のもと、平和的な問題解決の可能性が高くなろう。

これには目標の達成に前向きに機能する国際機関が求められる。アフリカにも、アジアにも北米にも南米にも中近東にも、どれだけの国をブロック内部に仲間としてまとめられるかが問われる。世界の統治機構を「博愛」の理念で調整できる新しい組織を構築し直すことが求められる。しかも、この利点だけを伸ばすには、地球市民という意識と、過去の歴史の整理をよく研究して、歴史の問題で摩擦を起こさないように、合意しておくことが必要である。

このことに関しても、認識の合意をしておかなければならない。

環境、生態系の保護には、これまでのように無関心で、のんびりと時を待つような暇はない。他の生態系との付き合い方には特に慎重を期さないと、改善どころか一気に大きな生態系の崩れに繋がる可能性もある。一部の生態系に対しては、回復できない状況になってしまっていて、不可逆（元に戻せない）であることが大いにあり得るのである。そのことは多くの動植物が絶滅を宣言されている事実が示している。生態系の維持は、極論すれば、人類の手に余るものと考えたほうがよいかもしれない。いうなれば、取り返しは不可能なのである。

中近東にもＥＵのようなブロックが形成され、単独国家の損得勘定を事前に協議、調整しておくことが望ましい。そして最終決定は世界連邦議会の決定、決議に任せることにする。少しの混乱はやがて時間が解決してくれると考える。

さて、連邦政府のかじ取りは、新しい議会制度を模索することになるが、基本は前述のモントルー宣言にある。理想的な世界連邦政府と議会について述べよう。

議会は二院制で、仮の呼び名は上院と下院とする。下院は地球人口に比例して議員定数が決まる。安保関連の議決には３分の２の賛成が必要であり、その他一般の議決は過半数でよい。一方、上院の決定は、尊重義務を下院に課すが、下院の議決が結論になる。特定の国やブロックに拒否権はない。

下院議員は各ブロックで選出するが、上院は全地球から直接選ばれる。立候補については、全地球から立候補できる（一定の年齢制限あり）。ブロックの代表が選挙で決められるということは、従来の制度より実効性がある。上院の議論は、極力、個人の意識に近い考え方を尊重するための制度である――国連のモントルー宣言には、主体は個人個人であるとうたっている――。

改革の詳細は、人口の規模を基本として把握する必要があるが、正確なデータの把握にはさらに研究が必要である。質素で簡素な暮らしが認められなければ、恐らくは多くの人類の生活路線の転換を迫られることになる。くどいようであるが、目的は永い地球人の存在であり、生活である。少しでも人類の存続期間を永くすることである。例えば、第一次産業の動物なら、種の保存が必要となると、生産者は養殖に切り換えれば目的は達せられるというが、養殖は生態系の大きな変更を意味し、結局は元の生態系に戻せる程度の生態系への負荷に押し留める方法を見出すことが求められる。

国連はこれまで、さまざまな環境問題を、国連の活動の一端と位置づけて取り組んできた。各種の研究機関において、いろいろな活動が推進されてきたが、その基本的な考え方は国連憲章にベースを置いている。現在、国連の機関として挙げられるのは、総会、事務局を始めとして、約40の組織である（日本の国連関係機関として認識されている組織）。この大きな組織がまとまらない一つの理由である。

第3節　世界連邦のイメージ　――軍事と経済――

さらに、世界連邦について模索する。地球の全体をコントロールするので基本的には戦争は起きない。そして、世界連邦のもとでは、この共同体から抜け出し、独自の主張を持つ不満分子でない限り、紛争は起きない。これを解釈すると、世界連邦軍の対象は現在のテロ組織か、大規模な犯罪集団であり、そうであれば、軍事でなく警察の役割として対処することになる。それには限界がある。相手が世界連邦政府の解体を狙うなど、根本的な破壊を狙う場合は、速やかに議会の承認を得て組織の統治レベルを上げて防衛体制をとる。

このことの持つ意味はすこぶる大きい（文民統制の見地から）。この状態をうまくコントロールできれば、世界中に平和が訪れ、いわゆる平和の配当が生まれる。警察の運用も効率化すれば。莫大ではなくとも、相当の余裕が出てくる。安全と安心による経費の節減効果も考えると、大きく期待ができる。ここで世界連邦政府についてイメージを膨らませることでイメージを確かなものにしていただきたい。世界連邦政府とその議会についてまとめる。

(1) 連邦政府の議会

世界連邦の議決機関は、上院（定数100人）と下院の2院制とする。下院の議席数は人口比例で議員定数は全地球で1000人以下とする。上院を個人（政党の一部でなく）の資格で意見具申させるのに対して、集団の結論が個人の意見と大きく異なることがある。モントルー宣言では、国連は、個人に参加資格があることになっている。個人一人ひとりが参加単位である。議員1人が約1000万人に1人選ばれるとすると下院は700人となる。

・行政の単位は旧来の機構をとってもよいが、任される範囲は限定的である。連邦国家の自治州程度になる可能性が高い。

・具体的には、軍事、警察、場合によっては、教育、伝統文化の伝承などは積極的に担当すべきである。

・世界連邦の財政は、平和の配当で賄う。

・世界連邦軍の設置。

・世界連邦軍はテロ対策に十分な戦力を持つ。

・大学など高等教育は世界連邦からの独立性が、担保される。世界連邦政府は資源、環境、貧困、差別など、地球レベルの問題は積極的に関与する。

世界連邦政府の一番の課題は、人類のサステイナビリティーを高いレベルで守ることだ。

(2)連邦政府の新しい役割――同じスタートラインに並ぶために

連邦政府の新しい役割として考えられるのは、総合的な環境対策と資源管理である。天然資源は人類のコモンズであり、公平に使われなければならない。資源は共通価格で連邦政府に売り、各ブロックは決められた管理価格で許可された管理をする。資源の量について、現在の先進国では、内外の経済状況を把握するのにＧＤＰを使用しているが、この指標は物財の多消費を促す仕組みであるので、環境新時代にふさわしい指標を早急に改める必要がある。終章でのＧＧＨの提言を参照していただきたい。

これによって人類の活動は、新価値基準に従ってものを大切にする新しい美徳を生み出し、根本に立ち返ることができる。現段階では、現在の人類の立ち位置は用心のため推測してみることしかできない。そこで、現在の状況を作ってきた国連のこれまでの状況に至ってしまった根本的な問題の核心に目を向けてみたい。

国連の支配体制の在り方は、第二次世界大戦の終結の直前に考えられた4人の警察官構想である（前述）。安保理が強い権限を持ちすぎて、なかなか簡単に動きがとれなくなった。自然環境の改善に関しても、大国が自国の国益を優先させるため、効果のある制限が決議されてもそれに対する条約の批准が国益に合わないという理由で、条約の効力が発動しない。「決めても動き出さない」という状態が生まれた。

また、５大国の拒否権の問題は、国連のアキレス腱として機能した。そのほか戦後70年近く経っても国連の体質が変わっていない証しは、他にも見られる。前述の敵国条項である。この条項の意味は何であろうか。

日本が真の独立国であるならば、国連に対するこれまでの多大な資金提供にもかかわらず、他の国と同じ重さの投票権１票しかなかったが、議決のテーマによっては、票の重さの導入も視野に入れる必要があるかもしれない。経済的支援もしてきたのに、いまだに、敗戦国のレッテルが残されているのは差別である。この２点はどうしても改めておかないと、日本人が精神的差別に鈍感な「国」というより、そのような「人間集団」と思われてしまう。アメリカとの軍事協定にある基地周辺の地位協定の改善も、世界大戦の忘れもののような形で残っている。国連は、総会のほか、たくさんの専門機関をもって活動しているが、その中でも安全保障会議、経済社会理事会、信託国際司法裁判所、事務局の６つが主なものである。その他、専門研究機関を入れると40ほどの数になる。現在の国連には改革を求める声があるが、さまざまな機関に分かれていて、改革といってもいろいろな流れがあり、方向性も同じではなく改革を成功させるのは非常に難しい。

第4節　国際連帯税の実行　――スピードはどうか――

世界連邦への道が開かれていれば、その道は困窮者を取り急ぎ助ける手段ともなりうる。改革がはかどらない場合には、世界連邦政府への移行の過程で、過渡的に必要とされるであろう。貧困の撲滅は、国際社会全体で実行する最上級の課題である。国際連帯税構想に白羽の矢が当たるかもしれない。

一方、この新税構想は、2004年、フランスのシラク大統領とブラジルのルラ大統領が提唱したもので、途上国支援のための安定的な財源を確保するための構想であった。この考え方を発表したのは、ノーベル賞経済学者のトービン博士で、「トービン税」と呼ばれた。為替や航空機利用料金などに課税するもので、その核心は、税を広く薄くかけることで痛税感がなく、対象が広いことである。アイデアはよいが、実施には多くの国が参加しなくてはスタートできない。実施している国は、まだ少ないのが現状だ。

国連の在り方について思い切った改革が必要であるとの声がさらに強くなっている。その原因と改革の方向を探ってみる。まず、国連の行動を見てみると、国連は、現在の主権国家の国益、利益の調整機関としてしか機能していないように見受けられる。すなわち世界的規模の組織として、利益調整のほか、国連独自の価値観をもって果たすべき役割が見えてこないことである。

環境新時代の国連の果たすべき改革は、例えば地球上に存在するあらゆる資源の配分や乱開発によるマイナスの部分についての責任ある処理の役割分担など、国際機関にこそまとめる力を発揮すべきで、資源大国と資源小国間における経済力の偏りの問題は、実際の貧困の問題に繋がっている。

また、教育への支援については、国家からの抜本的な支援がなければ、教育のハンディキャップは、豊かな人々と貧困に苦しむ人々、両者の格差はなくならない。テロや紛争に対しては、心の中に「博愛」の精神を持っていなければ、豊かで明るい人々と、貧しく、生活するだけで精いっぱいで困難に向かって歩む人々とのギャップのもとでは、肝心の環境問題も解決できない。グローバリズムの掛け声に引きずられて強い競争原理に支配されているのが現実である。人々が、この世の中の紛争を生き延びていくために、発展途上国に生まれてきた子どもや親の世代に対して、ただ勝ち抜けというのは死の宣告をしたように聞こえる。フェアーな競争よりも自由競争を理由に買いたたく勝ち組のもとで、児童労働に目をふさぎ、末端の労働者を過酷な条件で働かせる。

こんな状況に目をつむり耳をふさいで自分の利益ばかりを追い求めることを、きつく戒め、末端の労働者もハッピーになれる供給システムで、現地の人の援助をする。そのような発想で、難しい立場の人々のために、総合的な判断のもとに活動できるのも、国連の機能の仕方ではないか。

国連は統合的な連携に乏しいという指摘もある。さらにつけ加えると、国連の各機関同士の役割分担が総合力、統合的な力を弱めている。当然のことであるが、地球全体や人類全体への思考の幅を無制限に広げられるのは、現在は国連しかないのである。要するに、既存の国家の国益論に振り回されることなく、人類の永遠の命をどうしたら実現できるかという発想に切り換えてほしいのである。

国連の抱える根本的な問題は先に述べたが、国連ができた背後の理由が、終戦後70年近く経過しても、その影や残滓がくっついて離れないことだ。それは、国連という名がユナイテッド・ネーションズ、すなわち連合国の意味で、現在も連合国の勝利の固定化という本質が直されていないのである。これでは人類益などという概念が生まれてくるはずもない。敵国条項もまた然りである。国連の中で国連の民主化が話題になるが、それは自己矛盾な願いである。さまざまな問題の中で解決を迫られている最大の問題がテロを含むさまざまな紛争である。そして、紛争は破壊と貧困をもたらす悪魔である。いわゆる貧困と破壊の負の連鎖である。この問題のためには多くのことを同時に解決しなければならない。当面実行部隊となる国連の目指すところは変わらない。国連は発足した時、モントルー宣言を出している（前述）。戦争では、多くの生命が奪われる。そして、奪われた命には、民間人の女子供が多く含まれている。女性や、子どもたちの多くの命が奪われて、助かった一部の子どもたちはやがて新たな戦士として紛争の現場に戻ってくる。悪魔の連鎖である。これをなくすには悪魔の連鎖を乗り越えて、社会が意を決して、報復の連鎖を幸福の連鎖に変えなくてはならない。9・11の被害者の遺族のうち一部の人たちは、そのことに気がついて、復讐の連鎖から解き放たれた。

しかし、これで復讐の連鎖がすべてなくなったわけではない。復讐の連鎖の渦中で、膨大な数の難民や苦しい状況に追いやられている人は、いまだに生きるすべを失ったままである。

今から述べる一つの方法は、現状の痛みを少しでも改善する方法ではあるが、本当の問題解決にはならず、まったくのとり繕いでしかないことは理解している。それでも、何百万の人が生きる希望を持つための、生活再建の小さな明かりとなってほしいと願う。

豊かな先進国の身勝手な振る舞いによって、勝ち組と負け組の競争の結果がすべてであり、実際の生産の担い手のことなど誰も知らない。そのこと自体がおかしいのである。

自由競争を認める立場の側も、市場第一主義がベストの仕組みでないことを知っている。フェアーな競争の結果であるとは言い切れない部分があり、現状が正しくてベストであるとは強弁できないだろう。それに、現状の結果を見て、「博愛」の精神を持ち出すまでもなく、貧困にあえぐ彼らの窮状は救われなくてはならないと考えていると信じたい。

貧困にあえいでいる人を確実に救い出せる手段は、第1に物的援助、第2に金銭的な援助である。金銭的サポートは、渡し方を間違えなければ実効は上がる。環境新時代において、人類社会の是正は重要項目である。サステイナビリティーの過半はこの問題にかかっている。

この手段としては貧困にあえいでいる人を確実に救い出せるのは物的援助、金銭的な援助が第一優先で、金銭的サポートは、確実に渡し方を間違えなければ実効は上がる。

次に、新たな税金のかけ方については、いくつかの案が出されており、市場を荒らさないで課税ができる点では、共通の案が出されている。金融取引税とか航空機利用税など、トービン博士の提唱したことに基礎を置く。

第II編　今の人類は、この危機をどのように理解しているか

第4章

理想の実現に向けて

第1節　人類の存続のために

理想の実現に向けて、人類は歴史の中で、持続可能であると思って生活を送ってきた。ノアの方舟の時代から、たった５０００年弱が経過したばかりであり、人類の活動は、宇宙時間でいえばほんの一瞬であるのに、ほんの短時間のうちに、子孫のそれも数代後に大混乱が起こるかもしれないというおそれを受け止めなければならないという状況にある。

次のように価値観の転換に懸命に立ち上がらなくてはならない。

人類の存在の意味は、一つの種として命を繋げていくこと。そのためには次のようなことが必要である。

・生活は量より質であること。
・物欲を、持続可能なレベルまで抑えること。
・物事を長期の視点で考える。千年単位で。
・世界平和の達成は必要条件
・感謝と博愛の精神

解決すべきは、サステイナビリティーをいかにして高めるかということである。原因がわかれば努力は報われる。結果は必ずついてくる。そして、大事なことは、なるべく多くの人の理解を得ることである。

資源と環境に対して確かな情報を流し、少しでも多くの理解者が増えることが、期待と希望に繋がってくる。国連はさまざまな組織を動員して、温暖化の問題や難病、感染症の問題などのほか、資源の枯渇に対する対応をしてきたが、スピードを上げることが期待される。

第2節　さまざまな過去や現実に学ぶ

人類のサステイナビリティーを求めて、我々は新しい挑戦をしなくてはならない。このことは、非常に難しい前例のない試みばかりであると考えがちであるが、人類の中には有史以来、部分的な範囲内であるが、永遠といってもよい長い年月を生き延びてきた民族などのグループも、少なからず存在した。今回の環境の悪化による自然の変化などは経験してはいないが、それでも現在の我々にとって貴重な事例や教えにあふれている可能性は高い。

(1)里山の暮らし

環境問題がなぜ生ずるかを考えると、当然のように浮かび上がってくるのは、人類の増大の原因と、これを支えてきた科学技術の急速な発展があり、その弊害が出たことである。日本には原風景としての美しい村落がある。どの里山も里海も、長い自然と人とのせめぎ合いの中から妥協してでき上がったものである。けっして、人間が、自然を食い物にした歴史ではない。基本的には周りの自然を利用はしたが、自然の営みが長い歴史を経て共存できる限界まで見極めて、少なくとも何百年単位で関係を改善しながら、その土地の伝統や文化の根っことして存在してきた。したがって、どの里山も里海も、けっして自然を１００％尊重しているのではなく、あくまで、これらは妥協の産物で、これらの在り方はすべてがベストなものではない。ただ、尊重されるべきは、永く両者によって維持されてきた事実である。その自然と人類の存在と、環境新時代の目指す他のさまざまな動植物との理想の生活が、大まかな方向で一致しているともいえない。しかし、少なくとも疑問を解くカギではある。

(2)アーミッシュの人々

環境問題の原因の多くは、産業革命による生産活動の闇の部分＝弊害に、科学が対応せず技術が追いつかなくなったということと、やはり、人口コントロールできなかった社会の未成熟さにある。

そのことに気がついた我々よりも、もっと早くから気がついて科学技術に追い回され、自分のほうから文明を拒否して穏やかな生活文化を選択した人々がいる。それがアーミッシュの人々である。

彼らは科学技術を捨てたことで物的豊かさは手放したが、心の豊かさを手に入れた。GDP信仰から抜け出した人々である。

(3)清貧の思想

最近までお金は汚いもの、不浄なものとして、拝金思想は軽蔑されてきた。いろいろな文学でも、つい最近まで「守銭奴」という言葉で表され軽蔑の対象であった。

清貧の思想が忘れ去られてしまったのは、いつの頃だったのか。現在の日本では、一億総拝金主義者になったといっても過言でない。それでも、団塊の世代とその前の世代は、「もったいない」という思想を親の世代から受け継いでいる。そして、清く、貧しく、美しくという伝統的な思想も理解し記憶にとどめている。人間は誰でも、まっとうに働いて生きるべきもので、盗み、詐欺、収賄、投機などの手段で成功するのは間違っていると、教えられてきた。「金儲けよりもよい仕事」という観念を持っていた。

「足ることを知らば、貧といえども富と名づくべし、財ありといえども、欲多ければこれを貧と名づく」（往生要集より）

このような死生観は、特別な宗教家や一部の知識人のものではなく、社会のあらゆる層の思想的バックグラウンドになっていた。また、日常生活は、いたって質素でありながら、自然とともに調和し、四季の変化をうまく生活の中に取り込んで楽しんできた。例えば、俳句は季語を入れて詠み、自然とのやりとりを主張できる。それが俳句を味わい深いものとしていた。生活の中でも省資源、省エネを楽しむ工夫をしていたのだ。

(4)千年家と方丈記

日本の家の建て替えまでの寿命はおよそ30年といわれる。一生に一度の買い物ではなく、二度、ひどい例では三度になる人もいる計算になる。新しいものが好きということと、家などは所詮はかなく移ろいやすいものという考えが長らく日本人の思想であった。イギリスでは、家を150年は使うのが当たり前であるという。

環境問題で建築に課せられた責務は、量を減らすことである。日本にも「千年家」といわれる古民家が生きている。素材の違いではない。家に対する思い入れの違いである。

方丈記に見る家とは何か。方丈記の作者は貴族の家柄に生まれ育ったが、短歌を詠むことと楽器にひかれ、世のわずらわしいことや立身出世に疎かった。引き立ててくれる人が亡くなると、住んでいるところを追い出された。小さな庵を建てて住むと、世の虚飾と離れ、意外な生活の気楽さに気づいた。立派な家は彼にとっては拘束であったと気づき、自然とも和して心地よい。家は所詮、永遠なものではないと達観したのである。

それが環境新時代では方向転換を迫られる。やはり、環境新時代には、家は移ろいやすいものという考えは通用しない。大切に永く愛されるものにするべきである。

アメリカンインディアンのある部族の中には、7世代後の人のことを考えてすべてを決める人々がいるというが、科学の進んだ現代の人は、1000年後の人のことを考えて決断するべきであろう。原発などは1万年でも短いが……（短慮である）。

(5)究極の自然観

自然に逆らわないで生活する人々の多くは、先祖から自然を受け継いで子孫にそのままバトンタッチする。一時の預かりものであるという感覚で明日へ繋げ、子孫に繋げるサステイナブルな生活をしている。地球は誰のものでもない。グローバルコモンズである。

コモンズとは、特定の個人や会社などが所有権を主張して争う資源ではなく、日本でいう入会地のように、所有権ではなく利用権が特定の人々に与えられ、大切に長い間、利用され守られてきた土地や自然のことを指す。厳密に考えれば、すべての地球環境は、空気も水も海も緑も大切なコモンズであり、そのことをもっともっと認識する必要がある。

(6)さまざまな国連改革案

1 「国連に特命の理事会を」

国連大学高等研究所リサーチフェロー　蟹江憲史（朝日新聞　平成24年4月19日）

理事会決定は安保理の決定と同様、すべての加盟国を拘束する。そこで、重要な問題に対しては特命の理事会を作る必要がある。今や、環境問題は喫緊の課題であり、持続可能な開発理事会構想を提案している。理事会の構成は課題ごとにメンバーを選ぶ。EU議会のように市民の視点で国家間の決定をチェックする二院制の仕組みも、この特命理事会の決定は安保理の決定と同様にすべての加盟国を縛る。課題の根源は経済活動であるから、豊かさの指標にGDPに代わる新しい指標を作ることも必要であろう。現在の参加国の持っている平等の1票では矛盾も多く、1票の重さの変更も必要であろう。

2「地球市民社会とグローバル・ガバナンス」

国連改革　吉田康彦（早川新書）

第一に民主化への対応やグローバル化は、国家主導から個人主導へと力が変化してくると考えざるを得ない。

そのことに現在の国連は対応ができていない。1970年代宇宙開発が進み、時間距離が大幅に短縮された。テロ対策もグローバルな対応を求められる。この変化に応じ切れない人々がある。地球の資源のことを考えると今後BRICsの成長は地球環境のかく乱要因である。資源のことを考えると、地球は破滅に向かって暴走を始めた。すなわち、グローバル・ガバナンスの確立が急がれる。この認識を共有し、国家、国際機関、企業，ＮＧＯなどの市民社会がアクターとして協力し合い、人類を破滅の危機から救い、より良い地域社会にすべく努力する。これに関して、グローバル・ガバナンス委員会からラザリ委員長の試案として発表された。この案はわずかの差異で実現されなかった。

第3節　第Ⅱ編のまとめ

本稿を書き始めたころ、一つの言葉が非常に気になっていた。いろいろなテーマで国際的な議論が進行している時に、この言葉が出るとすべての人々の意見が固まってしまう。国連の安保理がそうであるように、議論が進まなくなってしまう。それは「国益論」という言葉である。

今、国連に改革が必要であるという声が高いが、改革は一向に進まない。過去の環境問題を一刻も早く解決し、より豊かで、サステイナブルな社会の構築を目指すためにも、国益論を排して、５大国の拒否権がいつも正しい方向を目指すようになることが国連改革の前提だ。しかし、それは今の国連には高い壁である。

これまでの価値観をひっくり返すには、国連を解体し、世界連邦という新しい統治の形を目指すことが、必然なのかもしれない。新しい酒には新しい革袋がふさわしいように。

人類が一日でも早くサステイナブルな世界の構築を実現しなければ、世界は全く違ったものになってしまう。人類に与えられた時間の猶予はあまりない。まず、現在進行中の環境の悪化を押しとどめ、新たな環境悪化を防ぎ、環境問題と資源の枯渇の二つの要素に目配りして、一日でも早く、サステイナブルな状態とはどのようなものか、その方向に一日でも早く行動に移せる体制にしなければならない。

その方向を探る場合に最も重要な条件は、何をおいても、地球の置かれている状況を正しい物差しで測定し、現状を正しく理解することである。間違っても使用してはいけないのはGDPという古い基準である。このことを考えて、第Ⅰ編ではGGHという新しい基準を提案し、それをこの後の終章で詳述した。

これから始まるのは古い価値観を消し去り、新しい価値観に置き換えていく、価値基準の転換である。革命と考えてもよい、大きな転換だ。そのような時期に必要なものは原点に立ち返ることである。それは国連にとってはモントルー宣言ではないかと考える。世界連邦も、その精神面には共通するものがある。

終章

グローバル最大幸福 GGH

——Gross Global Happiness
幸福の尺度の提案——

安藤　顕
地球サステイナビリティを考える会 主宰

終章

グローバル最大幸福 GGH

——Gross Global Happiness 幸福の尺度の提案——

第I編で述べているように、温暖化・気候変動、生態系の劣化、環境汚染などの地球環境に、多くの点で劣化・後退が進んでいる。そして、化石燃料の残存埋蔵量に限界があるにもかかわらず、その消費はさらに増大しており、25～35年の中でのその枯渇は明白である。と同時に、金属資源についても、今から30～40年の間に枯渇する懸念のある金属がたくさん出てくる可能性がある。

現代社会の基盤としての資本主義、適正な自由競争を否定しているのではないが、しかし、規模の拡大を過大に評価するＧＤＰ万能・物量文明に「持続性の危機」の原因があることは明白である。そしてまた、個々の国の国益中心の利害をぶつけ合っていては、世界中の人々の公正・公平な生活は維持され得ず、人類の存続を維持することが困難となるのである（憎むべきテロの発生の遠因がそこにある）。

そこで、迫りくる「地球社会・環境の存続の危機」――「人類存亡の危機」――を避けるために、コペルニクス的転換をして、この終章で提言しているパラダイムシフト（価値観の転換）を進める必要があるのである。

ここでの幸福の尺度――Gross Global Happiness――の提案は、単なる生活の物的満足度ではなく、真の幸福感を指標にとり入れ、さらに途上国に対する十分な支援（真のグローバリズム）と、資源・環境・社会のサスティナビリティーを指標にとり入れている点で、まったく新しい指標の提案である。

第1節　GDPに代わる新しい評価基準の必要性

社会の進歩、国の在り方について、今やGDP基準に代わる新しい尺度が求められているはずである。それは、公平と福祉をグローバルに評価する真の幸福の尺度GGH（Gross Global Happiness：グローバル総幸福度）である。

テレビをつけても、新聞・インターネットを見ても、今や（特にアベノミクスでの）景気の問題とその測定・判定の仕方としてGDPがとり上げられない日はない。では、GDPを判断の基準にしている経済の伸び、景気の好転のみが人々の生活・満足に関わるものであろうか。否、それ以外に基準となるべき大切な要素があるはずである。今や歴史的転換点が来つつあり、革新的な尺度・基準がとり上げられなければならないのである。既にその胎動は始まっている。

新しい尺度のキーワードは「人の幸福」ではなかろうか。GDPの増減によって国の進歩を計り、評価をするこれまでの方法に代わる尺度として、人々や国民の「幸福」をとり上げるべきではなかろうか。以下にその辺りを掘り下げてみよう。

ＧＤＰという尺度がはびこる経済、物量社会は、エネルギーを含む地球資源の過度な消費・使用を伴う。もっと直截的には、資源の枯渇・消失に通じる。すなわち、地球サステイナビリティーを著しく損なう世界である。

そしてＧＤＰの成長が「生活の質の豊かさ」に繋がらなくなっていることが明らかになるとともに、環境を犠牲にして経済成長をしても人間社会が発展したことにはならないことに鑑みて、ＧＤＰ指標に代わる、あるいは併用して使うことのできる指標の開発を進めるべく、「持続可能性指標」の使用の研究を、国連・ＯＥＣＤ・ＥＵなどの国際機関でも進めている。社会進歩、そして幸福度の測定の在り方として、これらの機関では、次のような要素での尺度が開発されつつある。

・国連では環境、健康、教育、開発などを範囲とする8分野。
・ＯＥＣＤでは環境、社会、経済などを範囲とする11分野。
・ＥＵ（欧州連合）では環境、社会、経済などを範囲とする5分野。

これらの分野において既に研究が進みつつあり、地球環境サスティナビリティーの重大性が、人と社会の問題と並んで対象となっている。これらは、ＧＧＨという新しい基準を策定する時の糸口となっている。

また、進んだ各国においても、欧州ではフランス（スティグリッツ委員会）、ドイツ、フィンランドなど、そしてその他の地域ではオーストラリアなどで積極的に研究が進められている。

(1)「幸福である」ことをどのように理解するか？
——幸福を尺度にするための背景として——

幸福度については「客観的幸福」と「主観的幸福」に分けて把握することに一理があろう。「客観的幸福」としては、生活水準（ある水準の所得）、食の充足、（ある水準の）教育、（さまざまな生活に関する）活動・行動、（行動することの）不安・物理的困難、そして社会的関係なども含まれよう。当然、他の人との相対関係（特に所得格差）も、これらに深く関わっている（後述するGGHの「6・生活の満足」に近い）。

一方、「主観的幸福」としては、健康、満足、楽しみ、安心感などの肯定的な感情と、不安感、心配などの否定的な感情（の少ないこと）、また家族との関係、社会に対する貢献も含まれるであろう（GGHの「7・幸福感」に近い）。

「幸福のパラドックス」と定義して、アメリカの学者のイースターリンが、所得と幸福度についてのたいへん適切な関係論を提示している。つまり、個人の所得が増加すると幸福度は高まるが、所得が一定の水準を超えるとその間の関係は弱くなる。そして、そのことは国家間においても、また個人関係においても同様であって、ある水準を超えた高所得国の国民が低所得国の国民より幸福とはいえず、また同一の国において、収入がある水準を超えた人が低収入の人より幸福とは限らないとの説である。

ショーペンハウエル（1788年～1860年）は幸福について、お金や他人の評価に左右されないこと、すなわち幸福の源泉として重要なのは人の在り方であると述べている。その中で「健康な乞食は、病める国王より幸福である」と言い放っているのはとても興味深い。そして彼が説くように、お金を持っていることで幸せを感じて生活している人は少ないのであろう。生活に困る、食べるものも飲むものもない状態では、満足に生活することはできないが――世界のそのような状況の人々は支援をされなければならない――、そのような例外を除いて、幸福は富・お金ではないところにその基本があるはずである。

バートランド・ラッセル――現代の数少ない代表的哲学者――は、「幸福論」"Eudemonics"の中で、活動的に生きることをすすめているが、現代人は金儲けに熱中するあまり、幸福を含む他の要素を犠牲にしてはならないと説いていることなども、我々に対するよき教訓である。

以上に述べた通り、さまざまな幸福感（観）があるが、幸福の重要性（幸福でありたい願い）は普遍的であり、グローバルな社会の持続性を鑑みて、改めてその概念を、今社会の進化、国・国民の評価の基準としてとらえることには十分な道理があると思われる。

(2)日本での幸福度は落ちているのでは？
――GGHによる基準設定に向けて――

内閣府の「国民生活選好度調査」によると、社会の進歩の評価・尺度として既存のＧＤＰのもとで、日本は経済大国にはなったけれども、人々の生活の満足度は減少すらしている。次頁のグラフに明らかである（図 終章―1）。

また、世界に目を転ずれば、途上国における生活は「足るに至らない」水準であり、先進諸国からのグローバルコモンズ的働きかけ（Fraternité：支援）がこれまで以上に求められている。また、ＢＲＩＣｓなどの中進諸国は、産業・経済発展を極めて指向していて地球環境を顧みないことが多く、そのためにたいへん多くの問題が醸し出されつつある。

現代人によって忘れられている地球サステイナビリティーの問題の解決は、道遠くして厳しいが、人類存続のために必ず解決され続けられなければならない問題といえよう。

すなわち、この問題は単に日本の問題ではなく、世界各国で改革しなければならない問題であり、文字通りグローバルコモンズの対象として、経済・金銭至上主義と袂を分かち、人の幸福を価値尺度の最上位に置きつつ、地球規模の環境、すなわち、人の生存を担保された地球を重視する世界文化に脱皮することが、今、必要となっているのである。

図 終章-1
日本人の１人当たりＧＤＰと生活満足度

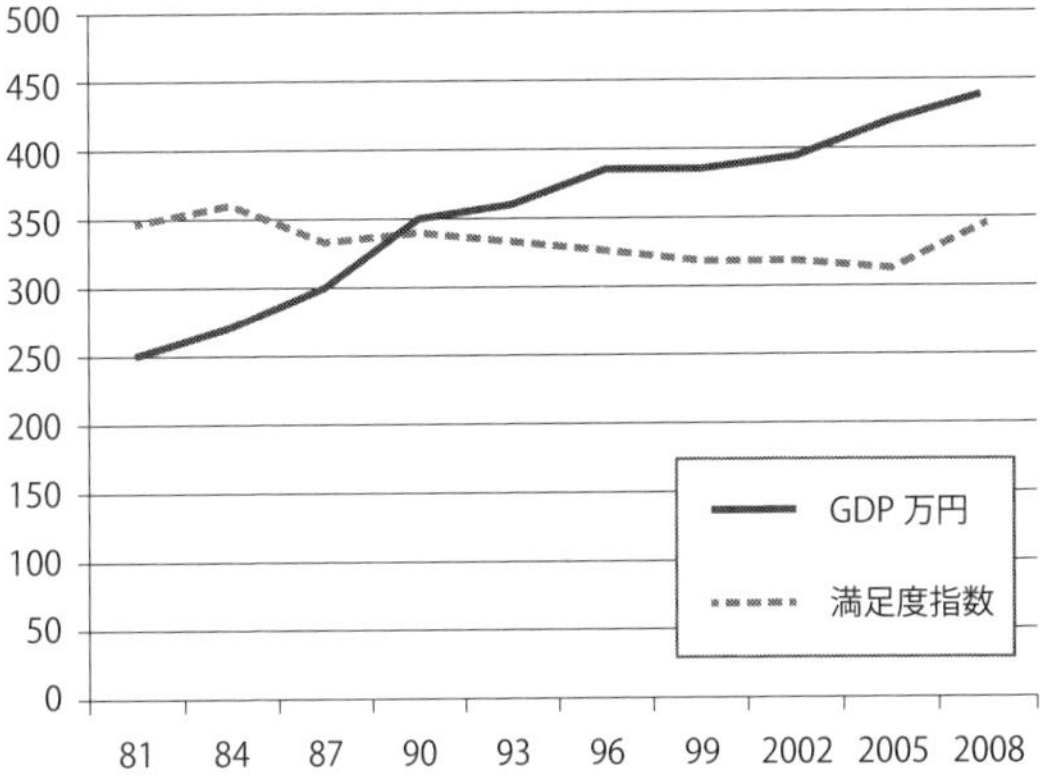

※生活満足度は指数。便宜的にGDPと同じく左の目盛りを使用した。

・日本人の１人当たりＧＤＰと生活満足度は逆相関の関係である。

相関係数＝－0.63787
すなわち、所得が増える時、かえって満足度が低下している。

出所：「平成20年国民生活度選好度調査」より筆者試算

第2節　国際機関などでの新しい指標
――社会進歩の指標――

環境・健康・社会などとともに、生活満足などを基礎に置いて、GDP指標の弊害を破っているという意味で、我々の提案に近いものもある。我々が提案している「幸福度の指標化」を前向きに理解していただくために、簡潔に記述したい。

(1)　**Subjective Well-being**（主観的幸福度）――ノーベル賞受賞者を含むDiener、Kahneman、Helliwellなどのグループにより報告されているものである。すなわち、低いレベルから所得が上昇していく時には満足度は上昇するが、ある水準に達すると、もはや幸福度は上昇しないとの研究の結論である。このことは世界中で依然としてGDPを政策課題・指標にしていることに対して反省を促しているものであり、的を射ているといい得る。

この説は「人」が抱く「幸福」の本質論に迫ろうとするもので、これに加えてとり上げる諸要素として、環境、健康、ある水準の生活上の満足、雇用などの因子の追加検討が必要とされるのであり、これは少なからず筆者の参考になり得るものである。念のため、この指標において日本は43位（97か国中）である。

(2)　**Better Life Index**（生活満足度）――OECD（Stiglitz、Sen、Fitoussiの成果を活かしつつ）、またノーベル経済学賞受賞者のアロー、ヘックマン、カーネマンを含む委員たちの検討を踏まえた上で生活満足度指標が決められている。

構成指標の基本は「三本柱」（Three pillars）から成っており、①物質面での生活水準、②生活の質、③持続可能性である。②生活の質には、健康状態、仕事と生活のバランス、教育と技能、市民としての関与、ガバナンス、社会的な繋がり、個人の安全、環境の質などの8つの要素が含まれるとの説である。そして③が大切であると考えられる。

以上を簡潔に集約すれば、社会、教育、健康、環境などは、筆者の理念に近いところもあり、参考となり得る部分も見られるが、生活水準に引きずられているという問題がある。

(3)　**人間開発指数**（HDI：Human Development Index）――国連が設定（?）。現実は経済

的因子に引きずられているので、ＨＤＩ指数はＧＤＰとの間に相関性があり、国連の既存の強国枠組みを抜け出しておらず、この考え方自体はあまり活かし得ない。しかし手法としては参考となる部分もあるといえる。

(4)　ブータンのＧＮＨ（Gross National Happiness：国民総幸福）――健康、社会、環境などを上げている点で妥当な部分が多くある。すなわち、心理面での幸福、健康、時間の使い方、教育、文化の多様性と保全、よいガバナンス、共同体の持続性、環境の多様性と保全、生活水準を要素としている。そして、これらの要素がメルクマールとなって評価され、国民の90％超が「幸福」と回答しているとの国勢調査報告となっている。ただし、相当程度に閉鎖された（鎖国に近い）社会・国家における評価であり、普通の開かれた自由な国での評価においては、適切に吟味・転用することが必要であろう。

なお、以上の諸指標以外に「包括的資産」（ＩＷ：Inclusive Wealth。国連による）があるが、これはいろいろな側面の資産――富のバランスシート――についての指標化であり、これよりはむしろ筆者らの研究会（環境倫理分科会）で紹介している「持続可能な開発ゴール」のＳＤＧｓ（第1章参照）のほうに、より参考となし得るものが多く見られるといえる。

また、前記の(1)(2)(3)(4)ともに、それ以外の指標——この報告書で触れられていないＥＵ委員会の検討事項、フランス、オーストラリアなど諸国における開発、検討——も同時に活かし、筆者は次のようにＧＧＨ（Gross Global Happiness）という尺度の提案に至っている。

以上を総合的に吟味・検討した結果、次の第３節で述べるように、筆者は人類存亡の危機を乗り越えるため、ＧＧＨ（幸福度指数）として、健康、安全・治安、教育、雇用、（ある水準の）所得、生活の満足、幸福感、社会関係、ガバナンス・政治、グローバル関係、グローバルガバナンス、地球環境などを主たる指標とする尺度を提言する。

第3節　新しい評価基準GGHの提案

従来のGDP指標による、国力比較、国の政治に代えて、次のような「幸福」の指数化により、悪しきグローバルではなく、衡平で福祉的な真のグローバリズムの遂行によって、世界の人々の幸福を実現するとともに、サステイナビリティー——すなわち地球環境、人類の生存条件——を担保する。

(1)GGHの基本的前提条件とその諸要素の説明

まず、満たすべき基本的条件（Key要素）は、以下の通りである。

・GDP準拠を取り下げて、後記のような要件で構成する「幸福」を評価の基準とする。一方、所得（GDP）は限られた範囲で、かつ補足的に扱う——ある水準以上は中立ファクターとする。

・資源・エネルギーの使用を抑える原則（不要不急は控える）。

・地球環境の持続性、人々の生存・存続を担保できる仕組みを図る。

・タイムスパンとしては、１００年から１０００年後までの人類の存続・繁栄の基本的条件の創出を図る。
・衡平・公正さを、グローバルに、そして国内的にも図る（支援・供与の方法の工夫は必要）。
・社会的進歩の評価を、主に「幸福」の表現、その実現でとらえる――人類の発展のために、ある水準以上の生活が最貧国・発展途上国でもできるようにすることが肝要。

すなわち、集約すれば「地球環境・社会の持続性」の実現を図るということである。

次に、留意および、考慮すべき諸要点は、以下の通りである。

・国内総生産（ＧＤＰ）、国民総所得（ＧＮＩ）のいずれも、政策に考慮すべき主たる指標からまず外す。社会進歩の尺度として、下記のようなＧＧＨ（Gross Global Happiness：グローバル総幸福）を採用する。ＧＤＰのような経済活動因子は、単に補助的指標にとどめる（政治においても）。
・補助的に使われる所得（ＧＤＰ）にはＭａｘ―Ｍｉｎを設け、Ｍａｘ超は計算より「中立」に外す。Ｍｉｎ未満は政策支援の対象国とする。そして、ＧＧＨは、国の評価にするとともに、個人の生活上の認識基準とし、その普及を図る。もちろん、適正な競争、正常な資本主義は否定していない。

・先進国では、現在の生活状態よりも低下する――一方、最貧国では向上が必要――。将来へのグローバルな持続可能な生存・環境条件が創出され続けることが重要である。けっしてGDPのような単純な国力の比較ではなく、そして、同時にグローバルコモンズの推進の土台にもする。

・Flow-Stock論議としては、フローを改善し（抑え）、地球のストックを減らさないようにする。すなわち、人類の後の世代に「地球環境・社会の持続性」を継承することが肝要である。

・指数作成にあたっては、定性的な因子も「度」によって定量（定数）化する（1〜5または1〜10）。そして、変化率の使用方法を活かす――これが重要。

・基本的には1、2、〜5年ごとに算出して、年率で成果を評価する。

・指標作り、統計的作業などの専門家（機関）とともに、今後、細かい現実的計量・計算化の仕方・制度化を工夫・策定する（有効化には数年のトライアルが必要）――物量、金額ベースのGDPに対する評価が低下することが期待される。

すなわち、次記の要素をベースとして構築する「幸福度」の基準を、従来のＧＤＰに代わるものとして提案したい。

・「幸福」指数が改善、また進歩することによって、「地球環境・社会の持続性」が十分に担保されるように図るとともに、またそれが期待される基準とする。

注　幸福の指標化はたいへん重要ではあるが、同時にそしてさらに重要なことは、地球のサステイナビリティーの維持――すなわち地球環境を含む人類の生存条件――を担保することである。

(2)幸福指数に入れるべき諸要素

＊各要素に付した括弧内の数字はウエイト（各1～12）。１００分比

①**健康**（10）：乳児死亡率、疾病死亡率、平均寿命、自己評価健康（度合い）

疾病・それに対するケアー――児童疾患率・成人疾患率（例：ＨＩＶ率）、医師数（人口当たり）、病床数（人口当たり）

衛生・清潔、汚染――トイレ割合（人口当たり）、下水・上水比率（人口当たり）、飲料水の汚染の度合い、喫煙率、摂取カロリー

②**安全・治安**（8）：犯罪数、凶悪犯罪数（人口当たり）、検挙率（発生当たり）、警察

官（人口当たり）、1人での安心感（度合い）

③**教育**（8）：　小・中学校数（人口当たり）、義務教育年、教育予算／財政支出、学生数／年代人口、最終学歴、識字率、倫理指導（自由、ジェンダー、社会貢献、共助）

④**雇用**（8）：　労働人口比率（人口当たり）、失業比率、（超過労働比率）、長期失業率、失業保険予算（公的）／財政支出、公的職業紹介所の存在、職業訓練（実施・進捗、対象数）

⑤（ある水準の）**所得**（8）：　所得配分（対物価）――EU、フランスは注視。範囲（2万5000USドル／年・人）超は外し、未満は支援対象――、生活の質、社会保障費（公的）／財政支出、投資の伸び率（途上国・最貧国にての）

⑥**生活の満足**（8）：　客観的（他との比較感。主観的以上に）、最低と過剰（特に物的な要求が多い。過剰は中立ファクター化）、生活満足の度合い、生活苦の度合い、日常的行動での満足・不満足、適度な休息の度合い、食充足率、電気の普及度（最貧国、発展途上国について）

⑦（狭義の）**幸福感**（12）：　主観的要素大、ある一定の生活レベルが重要（過大は中立ファクター化）、生活充実感・目標達成感・精神的安心感、悲しみ、苦痛、他人の評価に巻き込まれる（すなわち、心理的ストレスと満足感、以前との比較――変化の傾向）、健康状態、H・Q・L・の程度、愛、楽しみ、健全娯楽、音楽、スポーツ、信仰・宗教（あらゆる）、

家族との関係、その国に居続けたいか（国外に出たいか）の度合い、自殺者数（人口当たり）

⑧**社会関係**（6）：　社会的活動への参画（国としての政策も含む。ボランティアする人の比率、NGO、NPOの数（全企業数対比）、ジェンダー、差別・不平等、周囲との一体化、コミュニティー・ボランティア活動、文化・伝統しきたり（補足的）

⑨**ガバナンス・政治**（6）：　暴動・騒擾発生数の推移、政治難民数、自由、人権（の抑圧のないこと）、国政選挙での投票率、テロ

⑩**グローバル関係**（8）：　グローバルパートナーシップ実績、ODA額と変動、グローバルコモンズ的貢献（主として先進国）、企業によるグローバル倫理・貢献

⑪**グローバルガバナンス**（4）：　（地域）戦争のないこと、国際地域・広域貢献、

⑫**環境**（14）：　地球環境の保全（持続可能性）、現代――将来、CO_2排出量、SOx・NOx排出量、森林の植林、伐採の度合い、生物の多様性（絶滅生物種とその減少）、生活環境・地域環境（リサイクル率）、一般廃棄物・産業廃棄物の発生・処理、一般廃棄物・産業廃棄物の比率、気候変動化（温暖化含む）、河川・湖沼水質汚染度、汚染事故発生、大気汚染、環境保全・自然回復の国の政策度合い、サステイナビリティーについての啓蒙・教育制度、3R（Reduce,Recycle,Reuse）の実施、3Rの進捗率、資源・エネルギーの保存、資源・エネルギー使用量（人口当たり）、再生可能エネルギーの進捗、食糧自給率、グリー

ンエコノミーの実行度、原発のないこと・廃止、核汚染物の適正隔離・処理、地球環境についての倫理・貢献、公害（汚染）、公害苦情

⑬**その他**：　人口（増加）問題（特に発展途上国）、老齢化、麻薬の生産、麻薬の使用ほか

（合計100）

以上の諸指標の理解のために、若干の補足説明が必要であろう。

④雇用について：生活の基盤である。高所得を意味してはいない。

⑤所得について：その格差が重要（小さい方向がよい）。絶対額は、ある水準（2万5000USドル／年）超ではニュートラル化する。

⑥生活の満足について：幸福に近い概念。低所得国では、最低限の生活条件があろう。

⑦幸福（主観的）について：極めて重要。精神的不安・安心、愛・楽しみなど。プリコードのアンケートを活用。

⑩グローバルについて：ODAの額（EU国で高い比率の国あり）。また、企業による貢献度合い。

⑫環境について：第Ⅰ編の第2章～第6章を参照。

モノとカネにとりつかれた（GDP評価型の）現代社会に対する警鐘を鳴らすとともに、「地

球環境・社会の持続性の危機」を避け、対応せんとする思想、政策を提言することは、人々や政治によっては計りしれない抵抗・反論を受けよう。

しかし、地球の環境破壊・資源枯渇が、経済万能主義・GDP尺度依存などにより醸し出されている現実を前に、GGHの思想・理念を展開すること——すなわち、パラダイムシフトを進めること——には、大きな意味合いがあろう。

前述の諸項目の総体（GGH）は、まさに地球共有資産——グローバルコモンズ——を活かし、かつ発展させるものともいい得るもので、それにより人類にとって高い価値のある社会進歩を推進し、また、その度合いを評価でき得るのものなのである。

⑶提案

筆者らはこの本において、GGH（グローバル総幸福度）——本章第3節⑴⑵を参照——を提案する。

このグローバル最大幸福による評価制度は容易に実現できるものではなく、実現には長い時間がかかるであろう。そして文字通りのグローバル——地球規模——で行われる必要がある。そのためにも率先垂範、まず日本から始めることが第一であろう。そして、このGGH評価制度の提案が、新しい国際機関——国益のぶつかり合いを克服した国連を含む——で、その実現に向けて真摯に、そして十分に検討されることを強く期待したい。

総合的提言

・ＳＤＧｓ（ＭＤＧｓ）での目標（ゴール）――特に、生物多様性の損失の削減、非衛生水人の削減、飢餓人口の撲滅などの促進。

・企業としてはＣＳＲを単に抽象的企業理念にとどめずに、「地球環境・社会の持続性」（サステイナビリティー）を具体的経営政策の中に常にとり入れるように提言する――経済団体・政治に対する働きかけも。

・そしてＥＰＲ（Extended Producer Responsibility：拡大生産者責任）の最終段階までの有責指針は、サステイナビリティー経営の基礎となり得るものである（ＯＥＣＤで２００１年に各国政府向けのガイダンスマニュアルを出している）。その徹底、そしてＰＰＰ（Polluter Pays Principle）の認識の確認。

・ＧＤＰ氾濫の中での、新しいNew Wave（Nouvelle Vague）の展開・普及であるから、啓蒙・教育――学校、市民・国民、マスメディア、企業等々に対して――がたいへん重要。個々の局面での必要な事項・対応は各節で述べた通りである。ＵＮでも既に「ＥＳＤ（Education for Sustainable Development）の10年間」（２００５年から始まる10年間）を採択している。

ＵＮへの働きかけが可能であろう。

・また、ＧＧＨとしての提言は、この章で述べた通りである。金銭欲・物欲（ＧＤＰ・経済）の思想・風習を改め――一つの見方として、パンアメリカニズムの終焉――、この節で提案しているグローバル総幸福（ＧＧＨ）を推進することである。また、比喩的にいえば、経済最優先から、物欲・金銭欲にとらわれない個人の質のよい生活（ＨＱＬ）を大切に――欧州にその例あり――ともいえよう。

第4節　GGH値の試算（計算資料）

これはGGH指標自体の確かさを検証するための一つのTrialである。ここでは順位（1〜10）で、暫定的に計数化を行った。

以下の表の各国について、左端項目ごとに、はじめに順位づけを行い、点数化し、次いで項目ごとの重要度を乗じて加重点数化している。すなわち――

・各国の上段は項目別の単純な順位（10が一番よく、1が一番悪い）。

・下段は項目別重点度を算入した場合の数値である――点数の高いほうはよい（十分な）ことを、点数の低いほうは劣っている（低い）ことを示している――。

・なお、重点度の高い項目は、環境（14）、幸福（12）、生活満足（8）、健康（10）などである。

この分野で進んでいるといわれている北欧・西欧3国（スウェーデン、デンマーク、ドイツ）を入れるとともに、世界の各州・地域の代表的国々を選んでいる。すなわち、ヨーロッパでは先進的な3国と遅れているロシアを選び、中進国のBRICsとしては中国とブラジルを選び、また途上国としてはそれらの国の代表性があり認知度のあるケニアを選んだ。数少ないデータ数ではあるが、しっかりとした判断・理解ができるように、代表性と特徴を持たせている。そして各国ごとに、第3節(2)の諸要素、この第4節の順位評価の根拠により評点している。

なお、これはGGH指標における各国の現在の評価であり、順位を点数化して算出したものである。また、この新しいGGH指標がイメージ的にどんなものになるかを、正しくご理解いただくためのものである。そして、本文で記述した通り、将来、統計・解析の専門家とともに、最終的に策定していくための第1回目にして最新の案である。

・加重点数計算では表示数の1／10を使用する。
・これは現時点における判定であって、将来各国がこのGGH指標で改善することが望ましいのである。
・評価の結果として、総体的に、GGHの順位では、EU―西・北諸国がその環境性、適正な生活文化より予想通り上位にあり、またBRICs・発展途上国は、いまだこれからの位置にある。また、各国ごとの評価は以下の通りである。
・EU―北・西欧諸国は予想通りというべきか例外的に上位にある。特に、健康・教育・グローバル・環境の分野で進んでいる。高所得な国々でもある。GGH総合指標でも優れていて、暫定的なよいお手本である。
・日本の幸福度が低いのは、自殺率が高いこと、生活面でのストレスが影響している。OECD評でも高くない。また環境性がよくない（エネルギー消費大等）。グローバル性も不十分（OECD評でも低い）健康はOECD評でも中以下である。なお、安全性は高い（最高）――近年の殺傷事件の多さはいかに?――。先進国として、多くの改善点あり。
・アメリカは大国であるが、所得以外に特によい項目が少ない。雇用は低い（失業率高い）。環境性も不十分（ゴミ排出大、リサイクル率低い、エネルギー消費特大など）。安全性に

ロシア	ブラジル	ケニア	ブータン
5 5	2 2	1 1	4 4
5 4	4 3.2	2 1.6	7 5.6
5 4	2 1.6	1 0.8	3 2.4
6 4.8	5 4	1 0.8	2 1.6
5 4	4 3.2	1 0.8	2 1.6
4 3.2	3 2.4	1 0.8	6 4.8
4 4.8	6 7.2	1 1.2	9 10.8
4 2.4	3 1.8	2 1.2	6 3.6
3 1.8	5 3	2 1.2	8 4.8
6 4.8	4 3.2	2 1.6	1 0.8
6 2.4	5 2.0	2 0.8	1 0.4
5 7.0	7 9.8	4 5.6	6 8.4
48.2	43.4	17.4	48.8
7	8	10	6

表 終章-1　GGH点数

	日本	中国	アメリカ	スウェーデン	デンマーク	ドイツ
①健康 ×10	7 7	3 3	6 6	8 8	9 9	10 10
②安全 ×8	10 8	1 0.8	3 2.4	8 6.4	9 7.2	6 4.8
③教育 ×8	7 5.6	4 3.2	6 4.8	9 7.2	10 8	8 6.4
④雇用 ×8	9 7.2	4 3.2	3 2.4	8 6.4	7 5.6	10 8
⑤所得 ×8	6 4.8	3 2.4	7 5.6	7 5.6	7 5.6	6 4.8
⑥生活満足 ×8	5 4.0	2 1.6	7 5.6	8 6.4	10 8	9 7.2
⑦幸福 ×12	3 3.6	2 2.4	5	7 8.4	10 12	8 9.6
⑧社会関係 ×6	5 3	1 0.6	7 4.2	8 4.8	9 5.4	10 6
⑨ガバナンス ×6	4 2.4	1 0.6	6 3.6	10 6	9 5.4	7 4.2
⑩グローバル関係 ×8	5 4	3 2.4	7 5.6	10 8	9 7.2	8 6.4
⑪グローバル ガバナンス　×4	4 1.6	3 1.2	7 2.8	8 3.2	9 3.6	10 4
⑫環境 ×14	3 4.2	1 1.4	2 2.8	10 14	9 12.6	8 11.2
加重点数合計 100	55.4	22.8	51.8	84.4	89.6	82.6
総合順位	4	9	5	2	1	3

も不安ありで、GGH総合点も高くない。先進国として、多くの改善点がある。
・ロシアも大国ではあるが、欧州における立ち後れの国（BRICs）で、特に優れた面がない。とはいえ、環境・資源における貢献を出しつつある。ガバナンスで問題を残す。GGH総合点は平均以下。
・中国は押し並べて低い。環境汚染は大きいが、再生可能エネルギー投資大、植林も日本の協力を受け積極的、グローバル性は低い（貢献度低い）。所得は増えつつあるが、較差大である。ガバナンスの改革・改善の必要あり。
・ブータンは所得は低いが、幸福感は高い。環境も汚染が少なく、生態系の保存はしっかりしている。グローバル関連に今後難しさが出よう。貧しい国であるが、GGH総合点は平均に近い。
・ブラジルは環境によい面あり（O_2の排出貢献大）。自殺率は日本より低い（推定）。教育は低い。幸福感は人種的特性もあり低くない。
・ケニアは所得が低く、食充足率に不安あり。日々の食料に事欠く不安もある（十分な支援を必要としている国）。自殺率は低くてよいが、平均寿命は短い。雇用は低い（失業率高い）。GGH総合点は一番低い（国際的支援が必要）。
・また、角度を変えた特記事項として、以下が挙げられる。

・「⑥生活満足」と「⑦幸福」については、ブータンは生活満足で平均的、幸福で高い（ブラジルに似た傾向）。日本は所得の影響もあり、生活満足でやや高めで、幸福で低い（米国に似た傾向）。
・環境については、自然をいたわり、保存する国として、ブータン、ブラジルが高く、一方、資源を使い尽くす国として、日本、アメリカは低く、環境汚染型として中国が低い。

前掲の表は、国別比較で、とても興味深い結果であり、「持続性」の見地から見て、これらの結果に感覚的にも道理が感じられることにより、「地球環境・社会の持続性」のための評価尺度として、GGHに相当程度の妥当性があるといえよう。GGHに説得性が出ているといえるだろう。

なお、前表の項目別順位の根拠として、第3節(2)の諸要素とともに、次の指標を特に使用している。
①健康：医師数、病床数、平均寿命
②安全・治安：犯罪発生率、検挙率ほか
③教育：教員数、就学年数（義務教育）

④雇用：失業率、労働人口比率
⑤所得：1人当たり国内総生産、2万5000USドル／人・年以上は中立化
⑥生活満足：食充足率、OECD評ほか
⑦幸福感：自殺率、生活面でのストレス・満足感、精神的安心感・楽しみ・苦痛、OECD評ほか
⑧社会関係：ボランティア活動、OECD評ほか
⑨ガバナンス・政治：騒擾発生数・度合い、テロほか
⑩グローバル関係：ODA支出比率、国際貢献
⑪グローバルガバナンス＝10ほか
⑫環境：森林保護、SOx、NOx排出量、大気汚染、廃棄物量・比率、リサイクル率、エネルギー消費など

第5節　GGHと、GDPなどの指標との関連性分析

各国のGGHと、GDPなどの指標との相関性を分析するにあたり、まず表 終章-2を見ておく。

GGHの総合点について、現状における合格点は80点（各項目平均8点）以上である。それ未満の諸国（特に先進国は率先して）は、合格点に向けて政策の改善、意識改革の必要性がたいへん大きい。

まず、北欧・西欧3国（スウェーデン、デンマーク、ドイツ）はたいへん進んでいて――健康、幸福、グローバル貢献、環境、GGH総合点などにおいてよい――、一種のお手本であることは、このGGHのデータより明白である。各国がこの例のようになると、サステイナビリティーが相当に担保されるであろう。

しかし、これら北欧・西欧の国は例外であって、現実には、多くの諸外国はこの例とはほど遠く、表の数値が示すようにGGHがたいへん低い水準の国々が多い。また、このデータ

表 終章-2　GGHの総合点

	日本	中国	米国	スウェーデン	デンマーク	ドイツ	ロシア	ブラジル	ケニア	ブータン
総合点	55.4	22.8	51.8	84.4	89.6	82.6	48.2	43.4	17.4	48.8
総合順位	4	9	5	2	1	3	7	8	10	6

表 終章-3　GDPとGGHの相関関係

	日本	中国	米国	ロシア	ブラジル	ケニア	ブータン
GDP	43	5	48	13	12	0.8	0.6
GGH	55	22	52	48	43	17	49

相関性係数：0.6422
相関性低い↑

解析では各州・地域より国々の選出をしてデータを得ている。しかし、北欧・西欧3国の抽出率が高すぎ（30％。本来は1～2％である）、かつ例外的である——他の各国の目標的データである——ので、統計処理として代表性を持たせるために（偏りを除く）、統計分析の原則に従って、これら例外的な北欧・西欧の3国を外すことが適切である。その上で諸国間のGDPとGGHの関連性について解析すると、表 終章—3の通りである。

　諸国のGDPとGGHの相関係数は0・6422で、判定基準の原則によって相関性は低いといえる。この相関性の低さには、十分に着眼する必要がある。すなわち、G

図 終章-2　ＧＤＰに対するGGH総合点の関係

横軸はGDP値（千ドル／年・人、縦軸はGGH総合点）

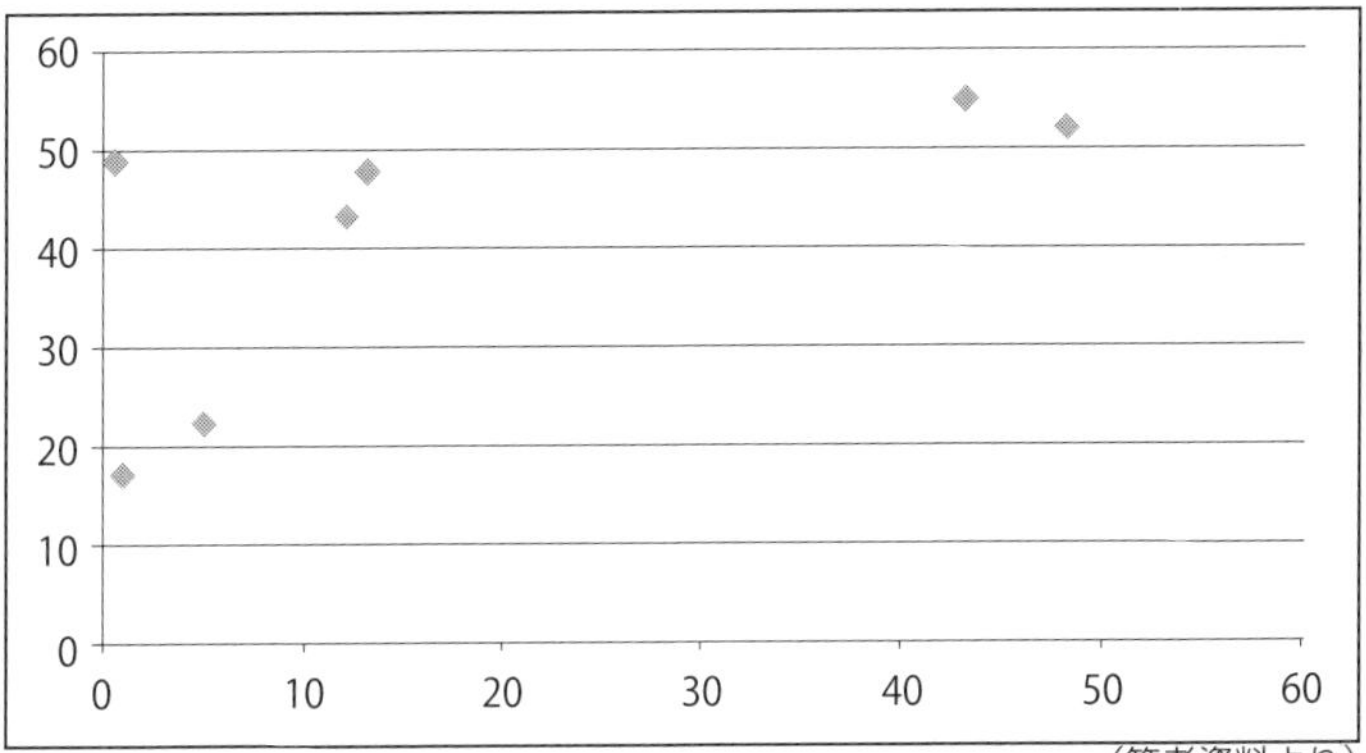

（筆者資料より）

・データが分散していて、相関性がたいへん低いことがわかる。

ＤＰが高くてもＧＧＨの低い国が多くあり、日本や米国などは改革の余地が大きい。そして、国による差異が大きく、特にブータンはたいへん低所得であるがＧＧＨは相当に高い。

理解と認識をより一層明確にするために前記のＧＧＨ総合点の表データをグラフにプロットしてみよう（図 終章‒2）。

諸国のＧＧＨ性が一目瞭然でわかる。そしてブータンが健闘している一方で、日米のＧＧＨの相対的低さが目につき、この先進2国のＧＧＨにおける改革の必要性は大きい——この背後に似たような多くの先進国があり、それらの国々も同様にＧＧＨ的

表 終章-4　環境とGDPとの相関性

	日本	中国	米国	ロシア	ブラジル	ケニア	ブータン
GDP	43	5	48	13	12	0.8	0.6
環境	42	14	28	70	98	56	84
逆相関							-0.4045

表 終章-5　幸福感とGDPとの相関性

	日本	中国	米国	ロシア	ブラジル	ケニア	ブータン
GDP	43	5	48	13	12	0.8	0.6
幸福感	36	24	60	48	72	12	108
逆相関							-0.0481

な改革が必要——。

なお、日本は特に環境・資源消費、幸福感などにおいて、米国は環境・資源消費、安全などにおいて改革の必要性がある。

さらに重要指標についても次に見てみよう。GDPと、環境、幸福感との関連性について、表 終章-2、表 終章-3の計算結果が示すように、そのいずれもが逆相関（マイナス）であり、GDPとそれらの関連性はたいへん低いといえる。

むしろ環境性は、GDPの高い国のほうがかえって低く、GDPの低い国が環境性はかえって高い（ブータン、ケニア、ブラジル）。

環境とGDPの関係についてのイギリス環境保護団体Friends of the Earthの参考資料でも、似たように負の相関性であり（マイナス0・88376）、

ＧＤＰの高い国のほうが環境性がかえって低い。

また、幸福感もＧＤＰの高い国より低い国のほうがかえって高い傾向も見られ（ブータン、ブラジル）、ＧＤＰ依存の経済社会の限界が見てとれる。

角度を変えると、ＧＤＰが低くても環境、幸福感の高い国（いずれもブータン、ブラジル）、一方、ＧＤＰが高くても環境、幸福感の低い国（日本）、環境の低い国（アメリカ）があり、後者の国々は先進国でもあり、大きな改革が迫られるのである。

おわりに

2013年の夏はある程度円安が進み、輸入品の価格上昇のあおりを受け、そのためマイカー運転者にとってガソリンスタンドの価格上昇にたいへん気をとられる日々でした。ところで、そんな時、隣に乗せている子・孫の時代にもはや石油がまったくなくなっているかもしれない心配をすっかり忘れていますが、それでよいのでしょうか。自動車メーカーの省エネ車（低燃費、小型・軽量）の開発・努力にあぐらをかいて、省力（ガソリンの使用減）の必要な生活をすっかり忘れ、遠出に明け暮れていてよいのでしょうか。石油の枯渇は視野に入っているのですが……。また、市内の買い物に、若い健常な人々が（赤ちゃん連れでもないのに）自動車で乗りつけて、足腰をいたずらに弱らせているのを見かけますが、それでよいのでしょうか。私のたいへん親しい老齢の医師が、足腰が弱くなってきた今、車を乗り回していた若き日の日常的習慣をたいへん悔いているのは、医師という健康・医療の専門家による得がたい生きた教訓として、「おわり」のはじめにいわせてもらいたいのです。

さて、現代を支配している経済拡大至上主義、物量的・金銭的社会文化を最上のものとするのではなく、この本で述べている通り、今やそれよりもっと質のよい社会文化を構築すべき時に至っています。

卑近な例を出してみましょう。日本でも、身障者・老人・妊婦に対する生活上の手立て、配慮などが進み始め、弱者に対する配慮・博愛が見られ、社会における進歩が見られ始めています。それをもっと広く人類として考えれば、途上国は、失礼ながら、遅れた位置づけの国々・人々（弱者）に例えらます。そのため、日本を含めた先進国とその国の人々による配慮と積極的譲歩、貢献が、途上国の国々、人々に対してもっと払われてしかるべきではないでしょうか。社会経済・文化の進んでいる国の人々の心が、支援・Fraternité（同胞愛）にしっかりと向けられ、もっと強化されることはないものでしょうか。

この本で記述している環境・資源の問題は、単なる一国（例、日本一国）の問題ではなく、「地球環境・地球資源」に拡げた概念・構図として、説明を行っています。つまり、景気・経済の拡大には、当然の前提として、先進国の犠牲となって虐げられてきた開発途上国での開発が行われることが必要ですが、さらに大切なことは、地球の持続性、すなわち地球環境・資源を危機に瀕しないようにするものでなければなりません。他の国々、人々（特に途上国の）の耐えがたい犠牲の上に行われるものであってはならず、そして、それはあらゆる人々に幸福をもたらし、換言すれば、この本が述べているように、遅れた地域の人々の民度の向上を考え、また、現世代の代表のみの視点であってはならず、今日発言権を持たない人類の後の世代をも考えたものでもあって、それが社会の進歩に繋がるものでなければならないのです（第Ⅰ編　第２章・第３章・第４章・第５章）。

今の世の中で、日々求められているＧＤＰ・経済性のみの追求は、人の幸福を反映していない金銭的・物量的文化です。それは一部の先進国（一部の中進国を含む）が進めている拝金・拝物の社会文化に過ぎないのです。

そこで、以上のことを総合的に吟味・検討した結果、筆者は人類存亡の危機を乗り越えるため、ＧＧＨ（幸福度指数）として、健康、安全・治安、教育、雇用、（ある水準の）所得、生活の満足、幸福感、社会関係、ガバナンス・政治、グローバル関係、グローバルガバナンス、地球環境などを主たる指標とするまったく新しい尺度を、この本で提言したのです（最終章）。

これは、従来のＧＤＰ指標による、国力比較、国の政治・政策に替えて、このような「幸福」と「地球社会」の指数化と指標化により、悪しきグローバルではなく、衡平で福祉的な真のグローバリズムの遂行によって、世界の全ての人々の幸福を実現するとともに、

Sustainability（サステイナビリティー）――すなわち、地球環境、人類の生存条件――を担保しようとするものです。

それが終章のＧＧＨ（Gross Global Happiness）の提案で、それは、ＧＤＰまたはその他の経済性のみ指向の型の指標ではなく、この本で述べているように、世界の国々（特に遅れている）の人々と、将来の世代の幸せを考えた地球社会を担保する社会進歩の指標なのです。このＧＧＨの指標が政治、社会・経済において活かされ、真のサステイナビリティーが実現されることを切に願っているのです。

そして地球環境、資源・社会の問題については、この本で述べているように、国により、サステイナブルな要素により、その種類や度合いが異なっています。ＧＧＨの計算表が示すように、資源を浪費する国――アメリカ・日本など――、環境に貢献する国――ブラジルなど――、環境を損なう国――中国・アメリカなど――、グローバルな開発に貢献する国――西・北欧諸国など――があります。そして、日本の位置づけととるべき対応のあり方としては、資源消費の削減、グローバルな開発への貢献の必要性、そして工業強化のかげで減衰してきた農業の再生などの答えが読みとれるといえましょう。ちょうどそのように、それらのいずれもが人類生存への必要な布石として、さまざまな政策・アクションが、国により、また、人々により、人類が持続性を得る方向でとられなければならないのです（終章）。

本文において述べているように、これらの「地球環境・社会の持続性」、また、「サステイナビリティーが未来永劫に維持されること」は、各国により、そして人々により、正しく理解され、政策が策定されるとともに、特に成果を生むように実践される必要がありますが、各国の国益、個人の私欲が跋扈する事柄であるだけに、改革される国連に、そしてさらに長期的・イメージ的には、世界連邦にも期待したいのです。そのくらい重要なイッシューなのです。

無論、現体制の国連により、国々（特に先進国）による人類のための前向きな判断と政策で、現実的改善が一歩一歩進む必要があるのは当然ですが、本文で記述したような国連の大きな改革が進むことにより、「地球環境・地球社会の危機」がしっかりと、また、プライオリティーをもってとり上げられ、その危機が持続的に回避され、未来の人類の存続・繁栄が担保されることを大いに期待したいのです（第Ⅱ編　第3章）。

遅れたアフリカの活性化、自然環境の保全・開発を中心とした活動で世界の人々の心に深く刻まれているのは、ノーベル平和賞受賞のマータイさんです。

マータイさんのGBM（グリーンベルトムーブメント）——それは土壌の劣化と砂漠化を防止するための植樹活動で、はじめにわずか7本からスタートして、延べ10万人、5100万本の植樹に拡がりました——の活動を通して、環境は緑に、また、豊かになり、土地が肥え果実も実り、貧困な人々（その多くは女性）の収入も増え生活も少しずつ楽になるに至り、彼女の自然環境・人類社会に対する献身は人々の心に深く刻まれたのです。そして特に、「Mottainai」の用語は、彼女が、自然や物に対する敬意、尊敬（Respect）を表すものとして世界に広まったもので、地球資源を大切にすべきことを意味するものとして「地球環境・資源の持続性」——サステイナビリティーにまさに通じるものです。この書物の執筆者としても、マータイさんの思想と活動を高い指針として活かしたいものです。

企業の責任も大きいはずです。CSRを単に抽象的企業理念、また、小手先の協力作業にとどめずに、「地球環境・社会の持続性」——サステナビリティー実現——のための諸施策を具体的経営政策の中に常にと入れるように提言したいのです。経済団体・政治に対する働きかけも大切ですね。そして企業経営者としては、EPR（Extended Producer Responsibility：拡大生産者責任）の最終段階までの有責指針と、その徹底、そしてPPP（Polluter Pays Principle：汚染者負担原則）の認識の確認、また、グリーンエコノミーの徹底も忘れてはなりませんね。

世界の多くの優れた国では、拝金主義（Mammonism）は、忌み嫌うべきものとされていますが、近時の日本では、お金が音をたてて持てはやされているのは、どうしたことでしょうか。A選手の年俸はa億円、グループサウンズのBさんは超高級車キャディラックを乗り回している等々、マスコミの報道の使命を超え、騒いで視聴率（テレビの場合）を稼ぐだけのことで、その結果、世の中の多くの人々（特に意に反して失職した人）に世の中の不公正さを感じさせ、人の心をかき乱し、生活文化を低落させつつ、拝金思想を広めています（よい例とはいえませんが、拝金思想が、近時の失業中の若い者による殺傷事件の一因でないと、誰がいえましょうか）。

一方で、わずかな例ながら大きな救いは、ある民放による放映ですが、アフリカの途上国にて、無報酬で医療実務を行っている日本からの女医さんや、また、幼児・小学生の学校教育などを持ち出しで行っているたいへん奇特な方々の存在です。目先の経済、ＧＤＰの上昇に目の色を変えている政治家、経営者、有識者、経済評論家たちも、大いに反省してもらいたいものですね。

筆者は、地球サステイナビリティーの回復・改革に、一石を投じているのです！　地球環境は汚染し（例：非衛生水の使用）、エネルギーをはじめとした資源は枯渇（例：埋蔵年数の減少）しています、それらに示されているような、地球社会のサステイナビリティーの危機についての研究、その推進を求める改革は、西・北欧に遅れて日本ではようやくスタートし始めたところです。後の世になって、あの世代は、サステイナビリティーへの移行に伴う物欲・金欲の我慢の日々を過ごし、負の遺産を回復し、サステイナビリティーを確保した時代であったと、感謝されるように——この書物が、そのきっかけのひとつとなることを心より念じています（第Ⅰ編・第Ⅱ編）。

末筆ながら本書の出版にあたり、ご尽力をいただいた三和書籍の高橋社長、山内編集長には心から感謝の意を表します。心底よりの助力と励ましに深く御礼申し上げる次第です。

安藤　顕

（地球サステイナビリティを考える会 主宰）

参考文献

■序章

『世界人口推計2012改訂版』(国連人口部、国連人口基金東京事務所　2013)
『環境問題アクションプラン42』(地球環境を考える会、三和書籍　2009)
『地球のなおし方』(ドネラ・H・メドウズ+デニス・L・メドウズ+枝廣淳子、ダイヤモンド社　2005)
『明日の水は大丈夫?』(橋本淳司、技術評論社　2009)
『国連改革』(吉田康彦、集英社　2003)
『地球温暖化後の社会』(瀧澤美奈子、文藝春秋　2009)

第Ⅰ編

『環境問題アクションプラン42』(地球環境を考える会、三和書籍　2009)
『エネルギー白書　2012,2013』(経済産業省)
『科学技術白書　平成24、25』(文科省)
『食料・農業・農村白書　平成23、24』(農水省)
『環境白書　平成24、25』(環境省)
環境倫理を考える会ホームページ(安藤、2012・6～2013・5)
『地球環境学　1巻、6巻』(岩波書店)

『日本人の知らない環境問題』（大賀敏子、ソフトバンククリエイティブ）
『新聞ダイジェスト　２０１２・１—２０１４・３』（新聞ダイジェスト社）
地球サステイナビリティを考える会　研究発表資料
『世界の統計　２００４、２０１３』（総務省統計局）
『日本の統計　２００４、２０１３』（総務省統計局）
ＦＡＯ資料（http://www.fao.org/）

■第Ⅱ編

『人間と国家　上下巻』（坂本義和、岩波新書）
「国連に特命の理事会を」（蟹江憲史、朝日新聞投稿24年4月19日）
『幸せの経済学』（橋本俊昭、岩波書店）
『清貧の思想』（中野孝次、文春文庫）
『方丈記』（中野孝次、講談社文庫）
『縮小社会への道』（松久寛、日刊工業新聞社）
『アーミッシュへの旅』（菅原千代志、ピラールプレス）
『千年住宅を建てる』（杉本賢治、ベスト新書）
『国連改革』（吉田康彦、集英社新書）
『環境問題アクションプラン42』（地球環境を考える会、三和書籍　２００９）

■終章

国連、ＥＵ、ＯＥＣＤホームページ
『環境問題資料集編　１、４』（日本科学者会議、旬報社）
環境倫理を考える会ホームページ（安藤、２０１３・７〜２０１３・10）
慶応大学 社会技術研究開発センターホームページ
『世界の統計　２００４、２０１３』（総務省統計局）
『日本の統計　２００４、２０１３』（総務省統計局）
『世界統計年鑑　２０１２』（総務省統計局）
『ユネスコ文化統計年鑑　２０１０』（ホームページ）
『国民生活度選好調査　平成20年』（内閣府ホームページ）

著者紹介（五〇音順）

安藤　顕（あんどう　けん）〔はしがき、第Ⅰ編、終章、おわりに　担当〕
マネジメントプランニング 代表。地球サステイナビリティを考える会 主宰。
東京大学教養学科 科学史科学哲学卒業。コロンビア大学研修。三菱レイヨンニューヨーク事務所長、三菱レイヨンドブラジル社長、太陽誘電常務取締役、太陽誘電ドイツ・USA専務取締役、太陽誘電常勤監査役などを歴任。日本経営倫理学会会員。
『環境問題アクションプラン42』（書籍、共著。三和書籍）、「電子材料・部品」（編集主査、電子機械工業会）、「製造工業に於ける収益化の方程式」、「企業経営論」（経済同友会経営委員、報告書）、米国経営倫理学会年次総会への論文提出・同発表、シアトル、ニューオリーンズ、ホノルル、「日本の企業統治・倫理について」（論文集）ほか、日本語、英語による論文多数。

鈴木啓允（すずき　ひろみつ）〔第Ⅱ編　担当〕
1945年生まれ。早稲田大学理工学部土木工学科卒業。同大学院理工学研究科博士課程修了。コロラド大学にてマスター オブ サイエンス取得。鈴中工業社長、会長を経て、NPO法人建設環境情報センター理事長（2013年解散）を務め、その間、（社）共同企業体適正運営推進協議会委員。（建設省）、建設業刷新検討委員会委員（建設業7団体）など歴任。また弘前大学、ものつくり大学、国士館大学などで、技術者倫理、建設倫理など、教鞭をとる。また、さまざまな業界団体にて講演活動の傍ら、多くの新聞、雑誌に執筆。著書に『技術者、社会の崩落』『サステイナブル建設経営』『はじめに技術者倫理ありき』『談合が無くなる』（共著）（以上、いずれも日刊建設工業新聞社）、『環境問題アクションプラン42』（共著、三和書籍）。

瀬名敏夫　（せな　としお）　［序章　担当］
東京大学法学部卒。日本経営倫理学会理事。米国経営倫理学会会員。経営倫理実践研究センターフェロー、中央大学政策文化総合研究所客員研究員、（住友商事株式会社入社、同社理事を経て、元住商オートリース株式会社専務取締役）。
著書：『談合がなくなる』（共著、日刊建設工業新聞社）、『環境問題アクションプラン42』（共著、三和書籍）。

人類はこの危機をいかに克服するか
―― 地球環境・資源、人類社会への提言 ――

2014年 7月 25日　第1版第1刷発行

著者　安藤　顕
鈴木啓允
瀬名敏夫

発行者　高橋　考
発行所　三和書籍
〒112-0013　東京都文京区音羽 2-2-2
TEL 03-5395-4630　FAX 03-5395-4632
info@sanwa-co.com
http://www.sanwa-co.com

印刷所／製本　日本ハイコム株式会社

ISBN978-4-86251-166-9 C3030

三和書籍の好評図書

Sanwa co.,Ltd.

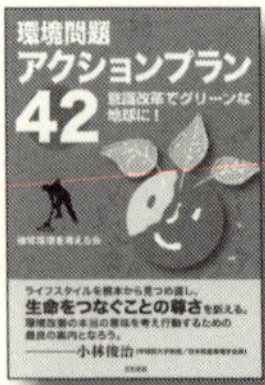

環境問題アクションプラン 42

意識改革でグリーンな地球に！

地球環境を考える会 著　四六判　248頁　並製　定価1,800円＋税

環境問題の現実をあらためて記述し、どう対処すべきかを42の具体的なアクションプランとして提案。大量生産大量消費の社会システムに染まったライフスタイルを根本から変えよう。

森林は誰のもの

緑のゼミナール

日置幸雄 著　四六判　254頁　上製　定価1,600円＋税

「国有林は国民林」こんな信念で伐採など開発の仕事には一切手を染めず、保全(コンサベーション)治山・砂防の道一筋に歩んだ50年、これはその森林技術者の手記である。国内はもとより、広く世界の森林を歩き、その荒廃ぶりにオロオロした筆者の、これは警告を含めた緑の哲学。改めて「森林は地球を救う」「地球に森林がなかったら」を実感させてくれる。

30世紀へのメッセージ

世界と日本の架け橋となる科学技術

アルベルト フジモリ・高嶋康豪 共著　四六判　284頁　上製　定価 1,500 円＋税

人口問題、食糧問題、エネルギー問題、環境問題といまや人類は待った無しの状況に置かれている。この閉塞状況を破るには「蘇生回帰の科学」と「大胆な政治力」が求められている。本書では、それぞれの分野で異能を発揮する2人が、人類の宿命・運命を乗り越える道と術を提唱・提言し、世界に向け大いに語る。

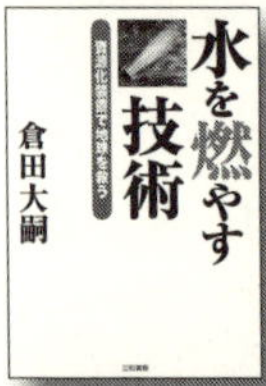

水を燃やす技術

資源化装置で地球を救う

倉田大嗣 著　四六判　268 頁　上製　定価 1,800 円＋税

廃油やオイルサンド、廃プラスチックを軽油等の使える油に変え、水や海水そのものを燃やす資源化装置が完成している。本書は、日本が実はエネルギー大国になりうることを示すもので、大きな希望を与えてくれる。

環境と法

国際法と諸外国法制の論点

永野秀雄・岡松暁子 編著　A5判　280頁　並製　定価3,500円＋税

今日の環境問題は自国の環境規制だけで解決しうるものではない。他国からの影響を考慮し地球規模での問題にも目を向ける必要がある。国際法と外国法の専門家による論考集。